大展好書　好書大展
品嘗好書　冠群可期

大展好書　好書大展
品嘗好書·冠群可期

熱門新知 15

動物解剖
原色圖譜

主　編	王會香		
副主編	孟　婷	戴揚川	
參　編	解慧梅	丁小麗	吳　植
	高月秀	郭方超	張步彩
	譚　菊	魏　寧	徐小琴
審　稿	周浩良	王子軾	

品冠文化出版社

序 言

　　動物解剖學是畜牧獸醫類各專業的一門十分重要的基礎課，也是人類醫學重要的相關學科，凡是事業有成的相關專業的專家、教授和實業家，均具有堅實的動物解剖學知識。動物解剖圖譜能清晰、形象地揭示動物複雜的形態結構和層次毗鄰關係，研讀動物剖圖譜歷來是學習動物解剖學最好的方法之一。

　　江蘇畜牧獸醫職業技術學院的教授、專家們在長期從事動物解剖學的教學和科研工作中，積累了大量的彩色圖譜。其新著《動物解剖原色圖譜》全部採用自己製作的各種動物標本攝製、編寫而成，書中一幅幅色彩鮮豔、形象逼眞的圖像，系統地揭示了牛、豬、羊、馬、禽、犬、貓、兔、鼠等動物各器官的形態結構及位置關係，將複雜的解剖學知識以逼眞的彩色照片形象地展示給讀者，爲我們學習掌握動物解剖知識和技術提供了良好的條件。

　　本書涉及 11 種動物，有原色解剖圖 400 餘幅，可謂內容豐富，特色獨有。因此，本書不僅是畜牧獸醫類各專業師生、動物醫院臨床醫師的一本難得的讀物，亦是實驗動物工作者以及人類醫學專家一本有價值的參考書。

南京農業大學動物醫學院教授　周浩良

前　言

　　《動物解剖原色圖譜》以牛、豬、羊、馬、禽、犬、貓、兔、鼠的各系統解剖圖片爲主要內容，共有彩色圖片414幅。這些圖片均爲實體拍攝，其色彩鮮豔，形象眞切，系統、直觀地揭示了動物各器官的形態結構及位置關係。爲方便讀者學習，書中還配有必要的文字說明。

　　本書可以作爲畜牧獸醫類各專業的一門輔助教材，也可滿足畜牧獸醫工作者、人類醫學工作者、動物醫院臨床醫師以及實驗動物工作者學習、查閱。

　　本書在編著過程中，得到了各界人士的大力支持和全體編審人員的密切配合。特別指出的是，南京農業大學動物醫學院周浩良教授對本書的編寫給予了大力支持。謹此一併致以眞誠的謝意！

　　由於時間倉促，水平有限，書中疏漏與錯誤之處，敬請廣大讀者提出寶貴意見，以便今後修訂再版。

作者

目　錄

第一章　家畜解剖原色圖譜

一、骨

　　骨構成動物體堅固的支架，它維持體型、保護臟器和支持體重，由肌肉附著於骨上，肌肉的收縮牽引著骨骼改變位置，從而產生各關節的運動作用。

　　動物體上每一塊骨都有一定的形態和功能，也是一個複雜的器官，骨主要由骨組織構成，堅硬而有彈性，並有豐富的血管、淋巴管及神經，具有新陳代謝和生長發育的特點，具有再生能力。骨是鈣、磷儲存的場所，能參與機體鈣、磷的代謝，保持代謝平衡。

　　動物機體由長骨、短骨、扁骨和不規則的骨組成，由於分布的部位不同其功能也不一樣。它們相互連接構成動物體的最基本體型。

(一)牛 骨

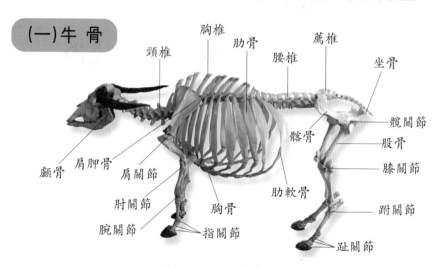

圖1-1　牛的全身骨骼

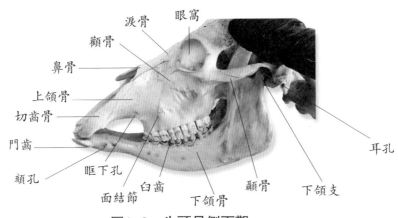

涙骨　眼窩
顴骨
鼻骨
上頜骨
切齒骨
門齒
頦孔　眶下孔　臼齒　顳骨　下頜支
面結節　下頜骨
耳孔

圖1-2　牛頭骨側面觀

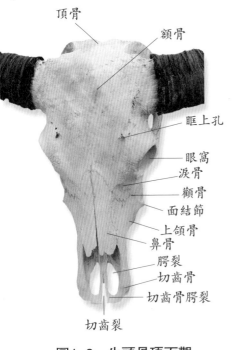

頂骨
額骨
眶上孔
眼窩
涙骨
顴骨
面結節
上頜骨
鼻骨
腭裂
切齒骨
切齒骨腭裂
切齒裂

圖1-3　牛頭骨頂面觀

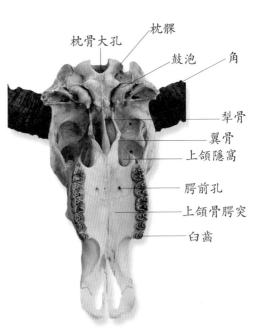

枕骨大孔　枕髁
鼓泡　角
犁骨
翼骨
上頜隱窩
腭前孔
上頜骨腭突
臼齒

圖1-4　牛頭骨腹側觀

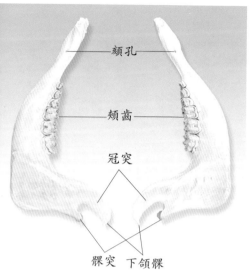

頦孔

頰齒

冠突

髁突　下頜髁

圖1-5　牛下頜骨外側觀

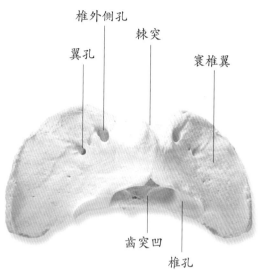

椎外側孔

翼孔

棘突

寰椎翼

齒突凹

椎孔

圖1-6　牛第一頸椎（寰椎）背側觀

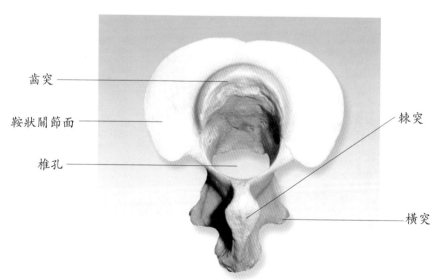

齒突

鞍狀關節面

椎孔

棘突

橫突

圖1-7　牛第二頸椎（樞椎）前側觀

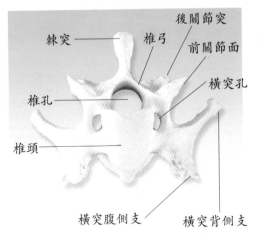

圖1-8　牛第三頸椎前面觀

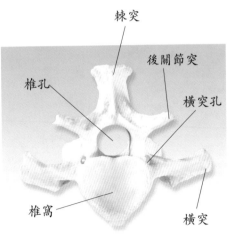

圖1-9　牛第三頸椎後側觀

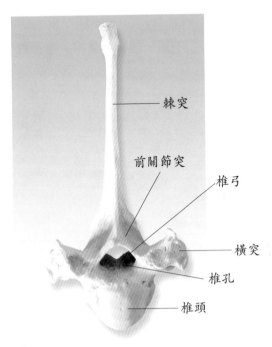

圖1-10　牛胸椎前面觀

圖1-11　牛胸椎後側觀

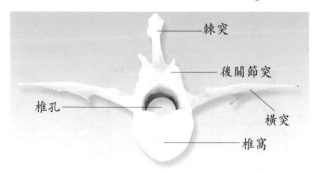

棘突

後關節突

椎孔

橫突

椎窩

圖1-12　牛腰椎後側觀

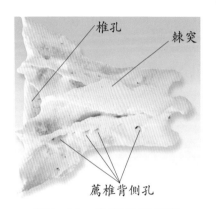

椎孔

棘突

薦椎背側孔

圖1-13　牛薦椎背側觀

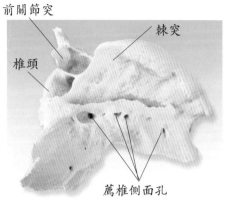

前關節突

棘突

椎頭

薦椎側面孔

圖1-14　牛薦椎側面觀

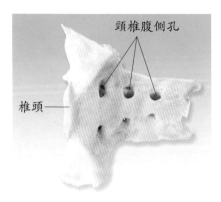

頸椎腹側孔

椎頭

圖1-15　牛薦椎腹側觀

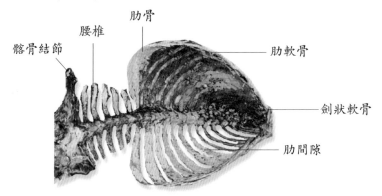

髂骨結節　腰椎　肋骨　肋軟骨　劍狀軟骨　肋間隙

圖1-16　牛胸廓

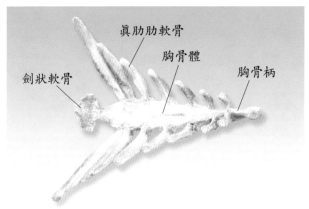

真肋肋軟骨　胸骨體　胸骨柄　劍狀軟骨

圖1-17　牛胸骨

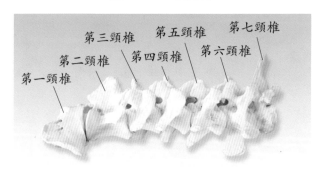

第一頸椎　第二頸椎　第三頸椎　第四頸椎　第五頸椎　第六頸椎　第七頸椎

圖1-18　牛頸椎側面觀

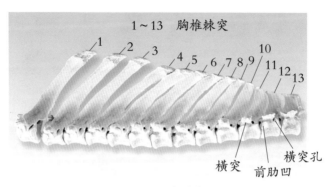

圖1-19　牛胸椎

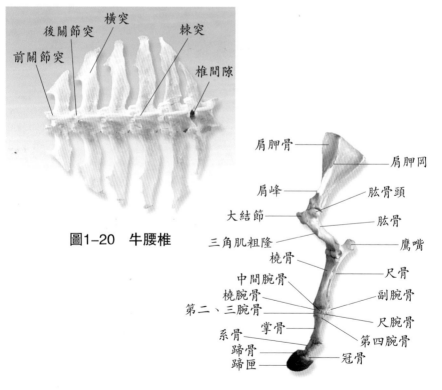

圖1-20　牛腰椎

圖1-21　牛前肢骨外側觀

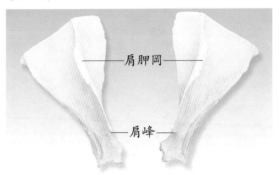

肩胛岡

肩峰

圖1-22　牛肩胛骨

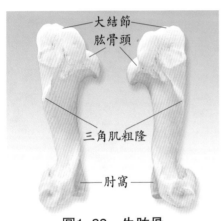

大結節

肱骨頭

三角肌粗隆

肘窩

圖1-23　牛肱骨

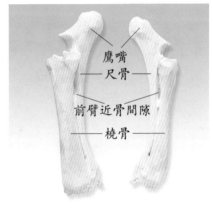

鷹嘴

尺骨

前臂近骨間隙

橈骨

圖1-24　牛前臂骨（橈骨、尺骨）

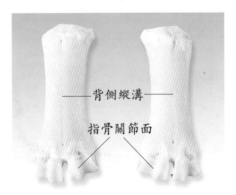

背側縱溝

指骨關節面

圖1-25　牛掌骨

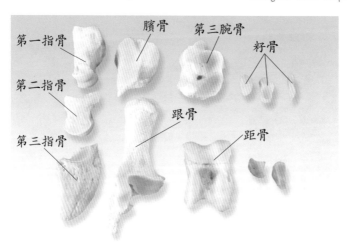

圖1-26　牛指骨、籽骨、跟骨

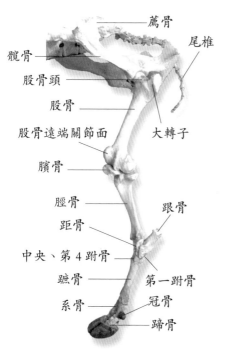

圖1-27　牛後肢骨外側觀

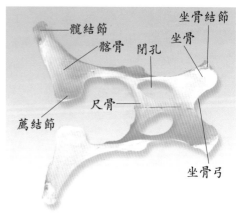

圖1-28　牛盆骨背側觀

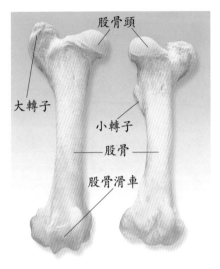

圖1-29 牛股骨

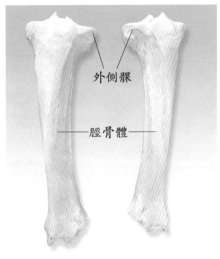

圖1-30 牛脛骨前側觀

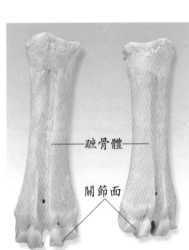

圖1-31 牛蹠骨前面觀

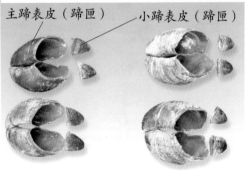

圖1-32 牛 蹄

(二)豬 骨

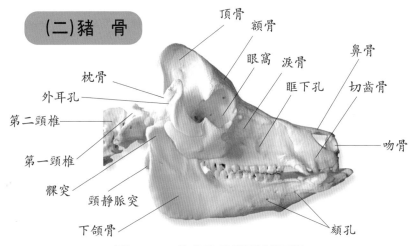

頂骨　額骨　眼窩　涙骨　鼻骨

枕骨　外耳孔　第二頸椎　第一頸椎　髁突　頸靜脈突　下頜骨

眶下孔　切齒骨　吻骨　頦孔

圖1-33　姜曲海豬頭骨側面觀

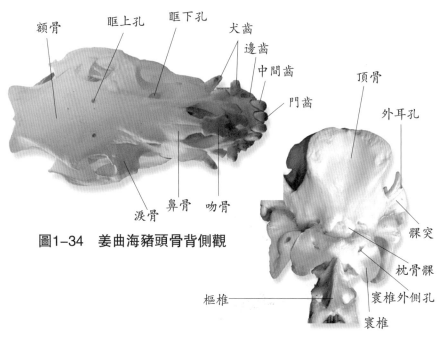

額骨　眶上孔　眶下孔　犬齒　邊齒　中間齒　門齒

涙骨　鼻骨　吻骨

圖1-34　姜曲海豬頭骨背側觀

頂骨　外耳孔　髁突　枕骨髁　寰椎外側孔　寰椎

樞椎

圖1-35　姜曲海豬頭頂側觀

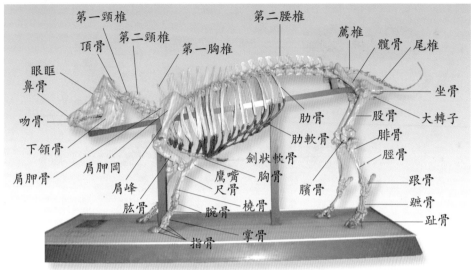

第一頸椎　第二腰椎　薦椎　髖骨　尾椎
第二頸椎　第一胸椎
頂骨
眼眶　坐骨
鼻骨　大轉子
吻骨　股骨
下頜骨　肋骨　腓骨
肩胛岡　肋軟骨　脛骨
肩胛骨　劍狀軟骨
鷹嘴　胸骨　臏骨
肩峰　尺骨　跟骨
肱骨　橈骨　蹠骨
腕骨　趾骨
指骨　掌骨

圖1-36　約克夏豬全身骨架

(三) 羊　骨

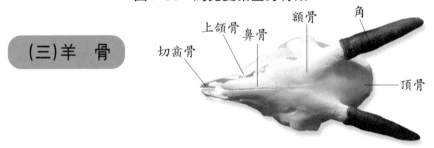

上頜骨　額骨　角
鼻骨
切齒骨
頂骨

圖1-37　波爾山羊頭骨頂面觀

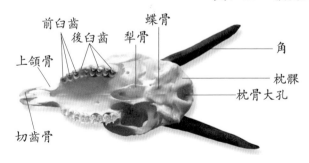

前白齒　蝶骨
後白齒　犁骨
上頜骨　角
枕髁
枕骨大孔
切齒骨

圖1-38　波爾山羊頭骨腹面觀

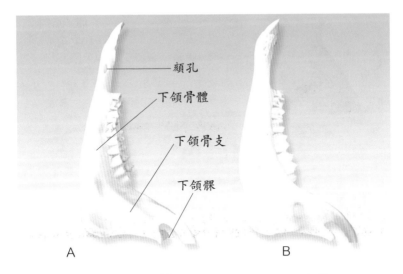

頦孔

下頜骨體

下頜骨支

下頜髁

A

B

A.下頜骨外側觀　　　　B.下頜骨內側觀

圖1-39　波爾山羊下頜骨內外觀

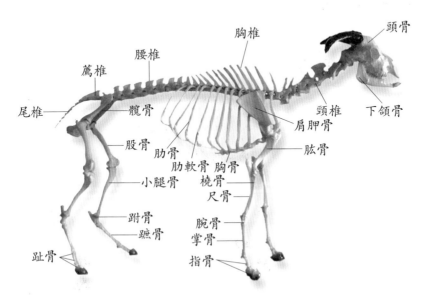

胸椎

腰椎

薦椎

尾椎

髖骨

股骨

小腿骨

跗骨

蹠骨

趾骨

頭骨

頸椎

下頜骨

肩胛骨

肱骨

肋骨

肋軟骨　胸骨

橈骨

尺骨

腕骨

掌骨

指骨

圖1-40　波爾山羊全身骨骼

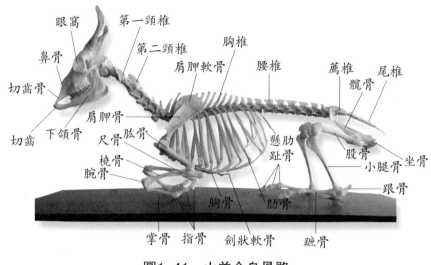

圖1-41　山羊全身骨骼

(四)馬　骨

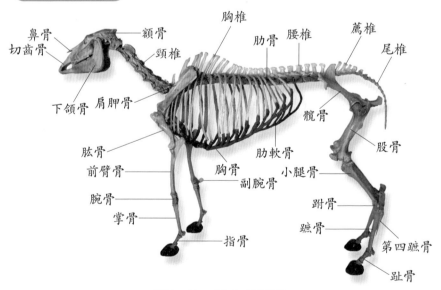

圖1-42　馬全身骨骼

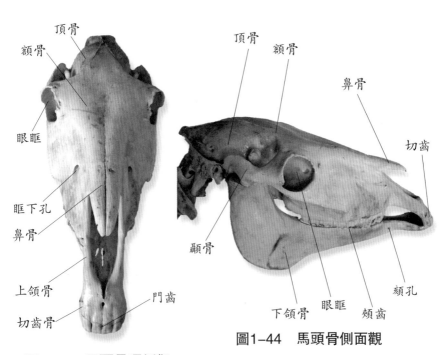

頂骨
額骨
眼眶
眶下孔
鼻骨
上頜骨
切齒骨
門齒

圖1-43　馬頭骨頂側觀

頂骨
額骨
鼻骨
切齒
顳骨
下頜骨
眼眶
頰齒
頦孔

圖1-44　馬頭骨側面觀

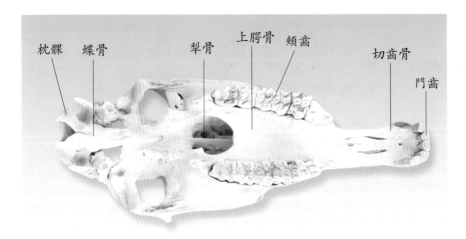

枕髁
蝶骨
犁骨
上腭骨
頰齒
切齒骨
門齒

圖1-45　馬頭骨腹側觀

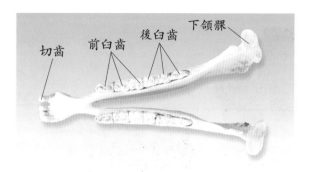

圖1-46　馬下頜骨

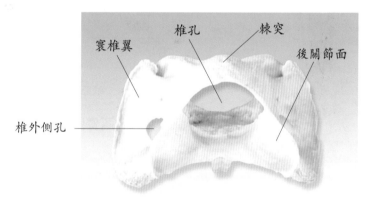

圖1-47　馬第一頸椎（寰椎）後側觀

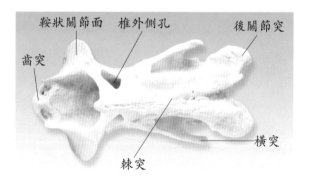

圖1-48　馬第二頸椎（樞椎）背側觀

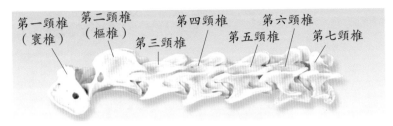

圖1-49　馬頸椎側面觀

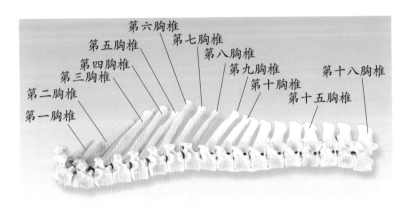

圖1-50　馬胸椎

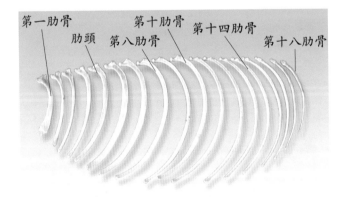

圖1-51　馬肋骨

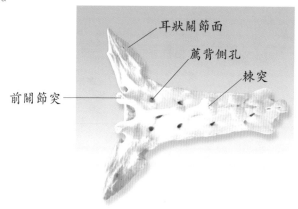

圖1-52　馬薦椎背側觀

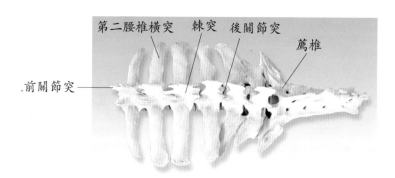

圖1-53　馬腰、薦椎背側觀

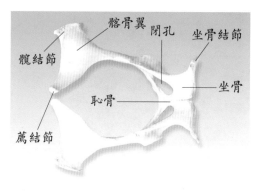

圖1-54　馬髖骨背側觀

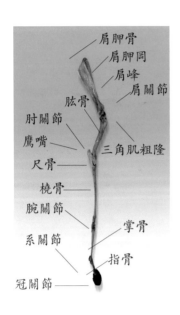

肩胛骨
肩胛岡
肩峰
肩關節
肱骨
肘關節
鷹嘴
三角肌粗隆
尺骨
橈骨
腕關節
掌骨
系關節
指骨
冠關節

圖1-55　馬前肢外側觀

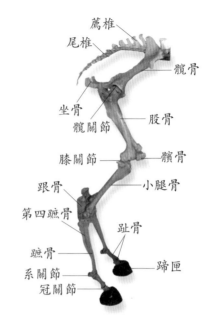

薦椎
尾椎
髖骨
坐骨
股骨
髖關節
膝關節
髕骨
跟骨
小腿骨
第四蹠骨
趾骨
蹠骨
蹄匣
系關節
冠關節

圖1-56　馬後肢外側觀

二、關　節

　　關節是骨與骨之間
借助於纖維結締組織連
接而成的，有多骨連接
和骨骨連接。由關節的
連接，能使全身骨骼形
成一個堅固的支架，借
助關節韌帶關節產生伸
屈動作。

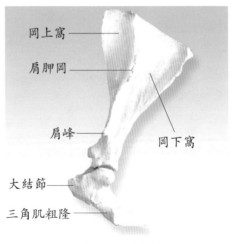

岡上窩
肩胛岡
肩峰
岡下窩
大結節
三角肌粗隆

圖1-57　肩關節

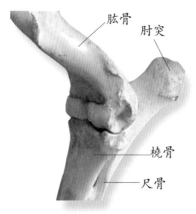

圖1-58　肘關節

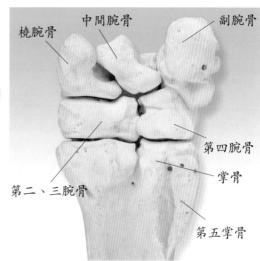

圖1-59　腕骨關節掌側觀

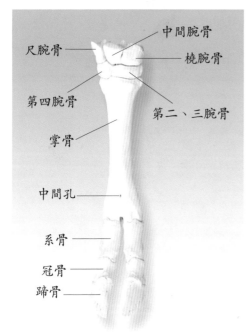

圖1-60　腕下關節背側觀

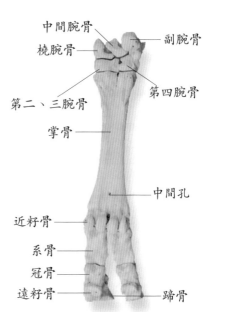

圖1-61　腕下關節掌側觀

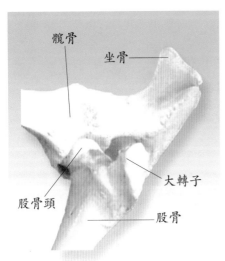

圖1-62　髖關節

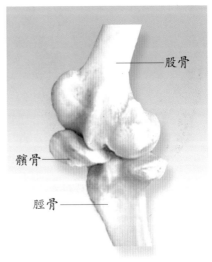

圖1-63　膝關節

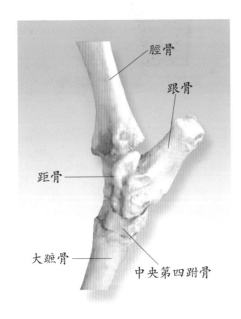

圖1-64　跗關節側面觀

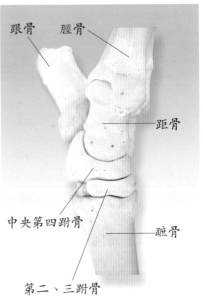

圖1-65　跗關節蹠側觀

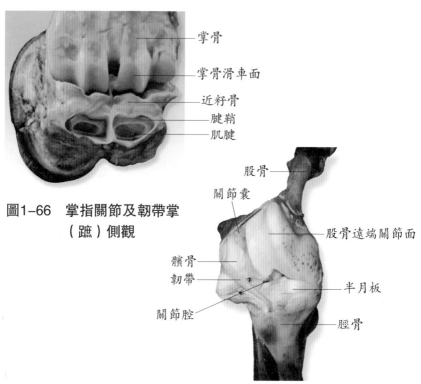

圖1-66　掌指關節及韌帶掌
　　　　（蹠）側觀

圖1-67　膝關節、韌帶、關節囊

三、肌　肉

　　動物的每一塊肌肉都是一個複雜器官，它有肌腹和肌腱組成，肌腹是收縮的部分，肌腱是連接骨骼的部位，肌肉的收縮可牽動骨骼而產生運動。肌肉有板狀肌、多裂肌、闊肌、環形肌等。肌肉根據其形態之分及功能的不同，又有動力肌、靜力肌和動靜力肌之分。各種動物體的肌肉形態和分佈基本相同。肌肉的兩端都有緻密結締組織構成的腱，腱具有很強的韌性和抗張力，其纖維伸入到骨膜和骨質中，使肌肉牢固地附著於骨上。每一塊肌肉都有起、止點，一般情況下當肌肉收縮時，以骨為運動軸，牽引骨發生位移而產生運動，起點不動，止點動。當運動加強時，活動點產生變化。

(一)牛肌肉

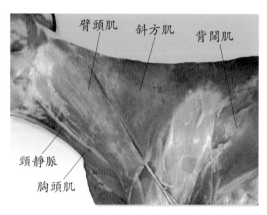

圖1-68　牛肩帶肌（淺層）

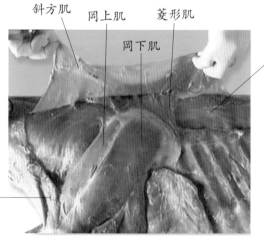

圖1-69　牛肩帶肌（深層）

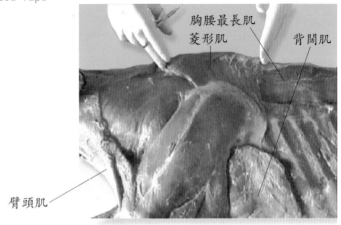

圖1-70　牛菱形肌

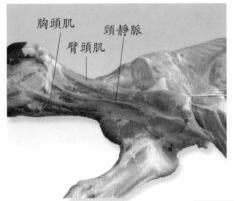

圖1-71　牛頸部腹側肌

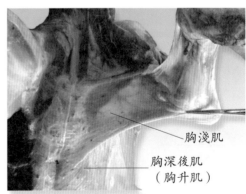

圖1-72　牛胸肌

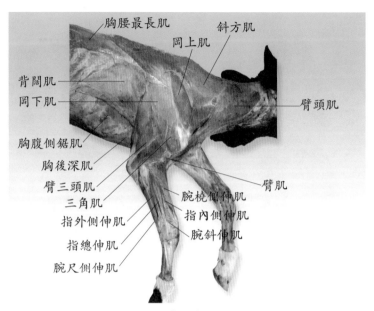

圖1-73　牛前軀淺層肌肉

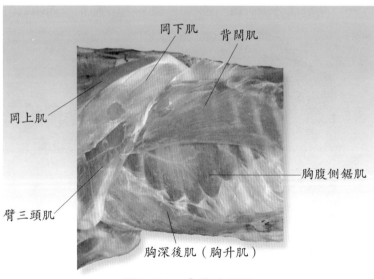

圖1-74　牛前胸深肌

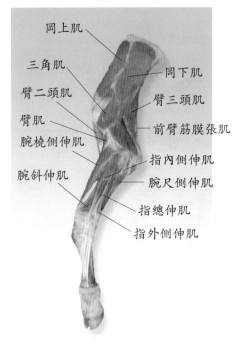

岡上肌

三角肌

臂二頭肌

臂肌

腕橈側伸肌

腕斜伸肌

岡下肌

臂三頭肌

前臂筋膜張肌

指內側伸肌

腕尺側伸肌

指總伸肌

指外側伸肌

圖1–75　牛前肢外側肌肉

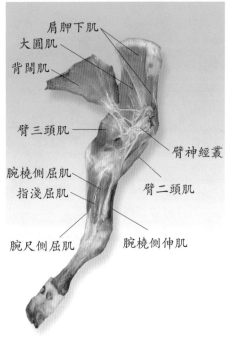

肩胛下肌

大圓肌

背闊肌

臂三頭肌

腕橈側屈肌

指淺屈肌

腕尺側屈肌

臂神經叢

臂二頭肌

腕橈側伸肌

圖1–76　牛前肢內側肌肉

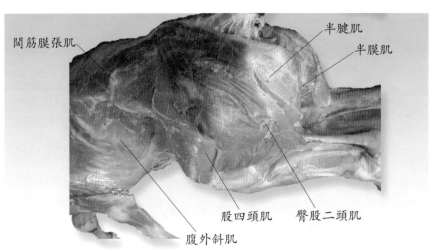

闊筋膜張肌

半腱肌

半膜肌

股四頭肌

臀股二頭肌

腹外斜肌

圖1–77　牛臀股部淺層肌

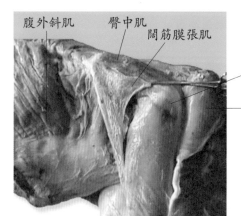

腹外斜肌　臀中肌　闊筋膜張肌

股四頭肌

股二頭肌

圖1-78　牛臀股部深層肌

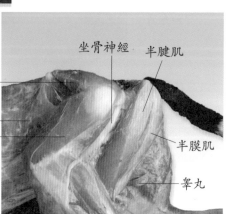

坐骨神經　半腱肌

臀中肌

腹外斜肌

股四頭肌

半膜肌

睾丸

圖1-79　牛臀股深部肌
（切除臀股二頭肌）

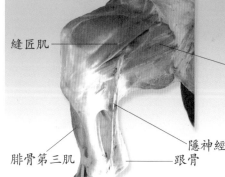

縫匠肌

股薄肌

腓骨第三肌

隱神經、隱動脈、隱大靜脈

跟骨

圖1-80　牛股內側肌肉

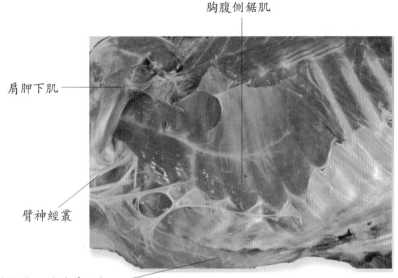

胸腹側鋸肌

肩胛下肌

臂神經叢

胸深後肌（胸升肌）

圖1-81　牛胸部深層肌

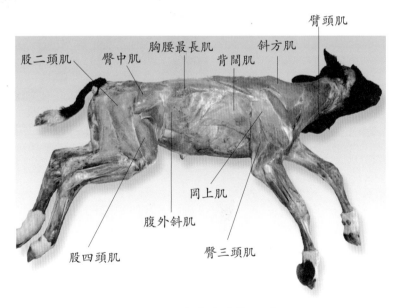

股二頭肌　　臀中肌　　胸腰最長肌　　背闊肌　　斜方肌　　臂頭肌

岡上肌

腹外斜肌

股四頭肌　　　臀三頭肌

圖1-82　牛全身淺層肌肉

(二)豬肌肉

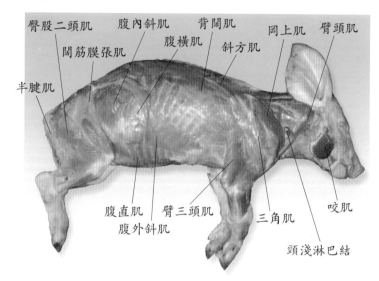

臀股二頭肌　腹內斜肌　背闊肌　岡上肌　臂頭肌
闊筋膜張肌　腹橫肌　斜方肌
半腱肌

腹直肌　臂三頭肌　三角肌　咬肌
腹外斜肌
頸淺淋巴結

圖1-83　豬淺層肌肉

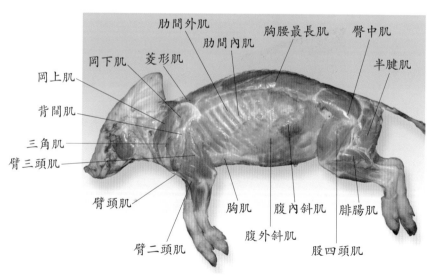

肋間外肌　胸腰最長肌　臀中肌
肋間內肌
岡下肌　菱形肌　半腱肌
岡上肌
背闊肌
三角肌
臂三頭肌
臂頭肌　胸肌　腹內斜肌　腓腸肌
腹外斜肌
臂二頭肌　股四頭肌

圖1-84　豬深層肌肉

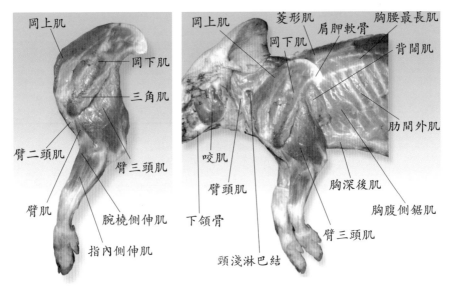

圖1-85 豬前肢外側肌肉

圖1-86 豬前肢淺層肌

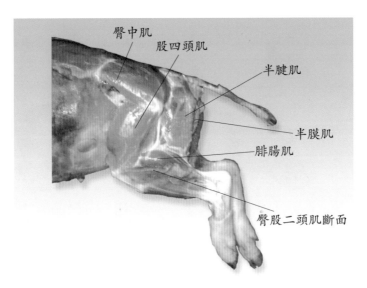

圖1-87 豬後臀部肌肉

(三)羊肌肉

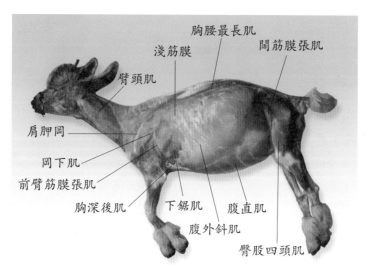

圖1-88　羊全身肌肉膜

胸腰最長肌

淺筋膜

闊筋膜張肌

臂頭肌

肩胛岡

岡下肌

前臂筋膜張肌

胸深後肌

下鋸肌

腹直肌

腹外斜肌

臀股四頭肌

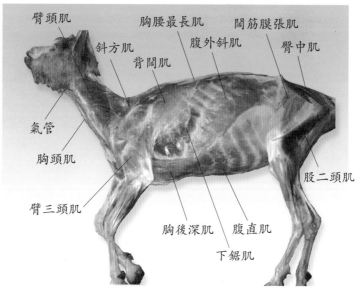

圖1-89　羊淺層肌肉左側觀

臂頭肌

斜方肌

背闊肌

胸腰最長肌

腹外斜肌

闊筋膜張肌

臀中肌

氣管

胸頭肌

臂三頭肌

股二頭肌

胸後深肌

腹直肌

下鋸肌

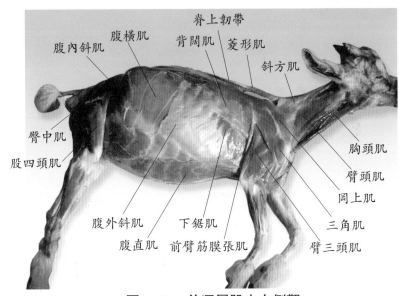

圖1-90　羊深層肌肉右側觀

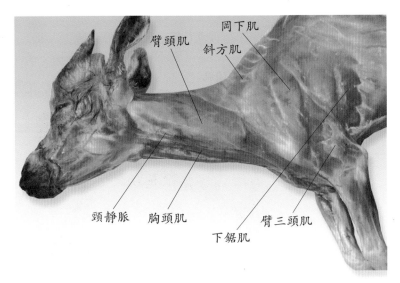

圖1-91　羊頸部淺肌、血管左側觀

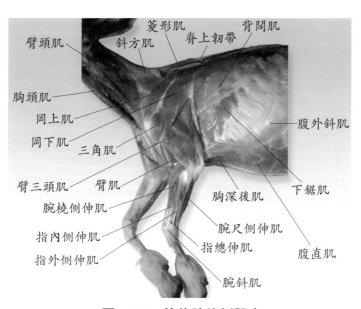

圖1-92　羊前肢外側肌肉

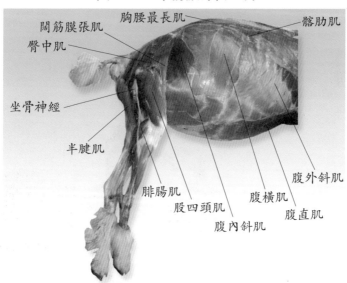

圖1-93　羊腹壁、後臀部肌肉右側觀

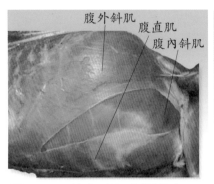

圖1-94 羊腹壁肌淺層肌肉

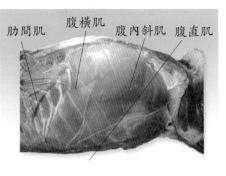

圖1-95 羊腹壁肌深層肌肉

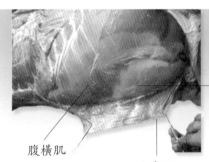

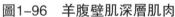

圖1-96 羊腹壁肌深層肌肉

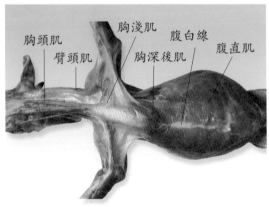

圖1-97 羊頸腹側肌

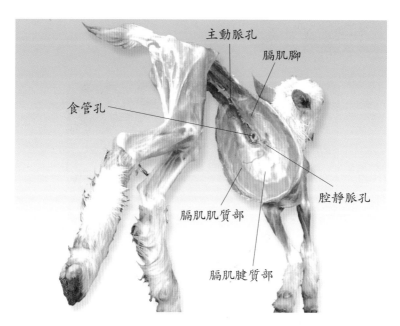

圖1-98　羊膈肌腹腔觀

四、消化系

　　消化系包括消化管和消化腺兩部分，消化管包括口腔、咽、食管、胃、小腸、大腸和肛門，消化腺有唾液腺、肝和胰等。

　　各動物消化器官具有不同的形態，如牛口腔頰部具有許多錐狀頰乳頭，使口腔對尖銳物刺激不敏感。反芻動物（牛、羊）有四個胃，包括瘤胃、網胃、瓣胃、皺胃。而豬、馬、犬等只有一個胃。胃的外形上不同，其功能上也不同。羊的結腸呈圓盤形，豬的結腸呈圓錐形，而犬的結腸呈 U 字形。

(一)牛消化系

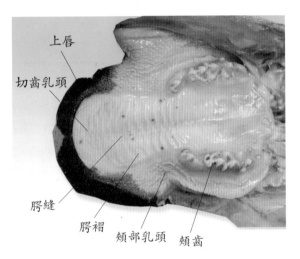

上唇

切齒乳頭

腭縫

腭褶　頰部乳頭　頰齒

圖1-99　牛上腭

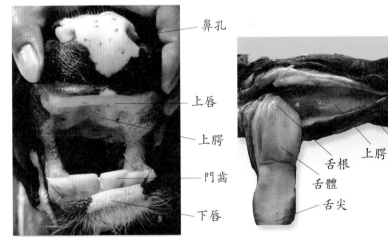

鼻孔

上唇

上腭

門齒

下唇

圖1-100　牛口腔

舌根
舌體
舌尖
上腭
下頜骨

圖1-101　牛舌

圖1-102　牛口腔頰部

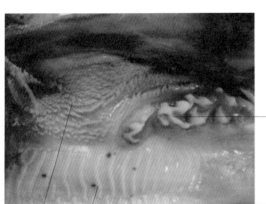

———— 臼齒

頰乳頭　　腭褶

瘤胃黏膜層乳頭 ————

瘤胃內容物

肉柱

圖1-103　牛瘤胃黏膜

———— 瘤胃

———— 網胃黏膜網格狀皺褶

圖1-104　牛網胃

辦胃大葉

辦胃中葉

辦胃小葉

圖1-105　牛辦胃剖面

幽門　　　皺胃黏膜褶

圖1-106　皺胃黏膜

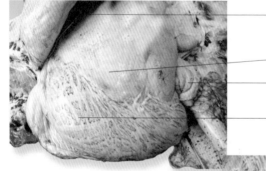

脾臟

瘤胃

結腸

大網膜

圖1-107　牛瘤胃大網膜

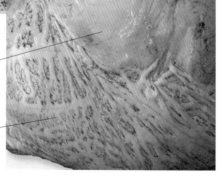

瘤胃

大網膜

圖1-108　牛大網膜

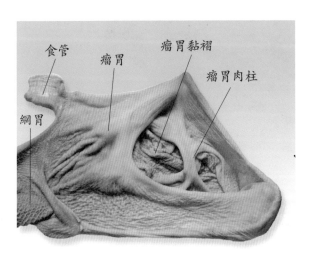

食管　瘤胃　瘤胃黏褶　瘤胃肉柱

網胃

圖1-109　犢牛胃

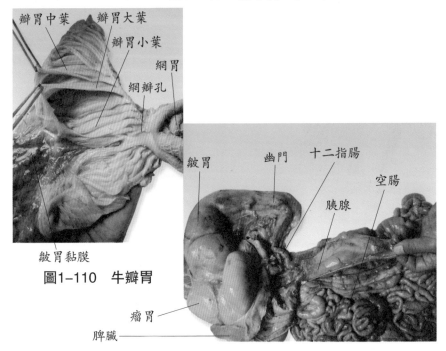

瓣胃中葉　瓣胃大葉　瓣胃小葉　網胃　網瓣孔

皺胃黏膜

圖1-110　牛瓣胃

皺胃　幽門　十二指腸　胰腺　空腸

瘤胃

脾臟

圖1-111　牛小腸

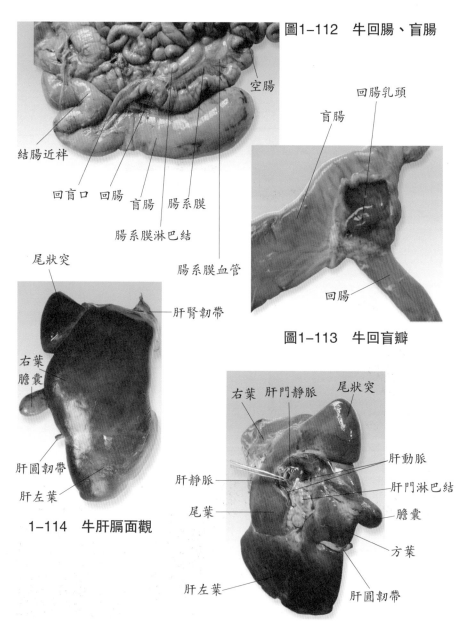

圖1-112　牛回腸、盲腸

空腸

結腸近袢

回盲口　回腸　盲腸　腸系膜

腸系膜淋巴結

腸系膜血管

回腸乳頭

盲腸

回腸

圖1-113　牛回盲瓣

尾狀突

肝腎韌帶

右葉
膽囊

肝圓韌帶

肝左葉

1-114　牛肝膈面觀

右葉　肝門靜脈　尾狀突

肝靜脈

尾葉

肝左葉

肝動脈

肝門淋巴結

膽囊

方葉

肝圓韌帶

圖1-115　牛肝臟面觀

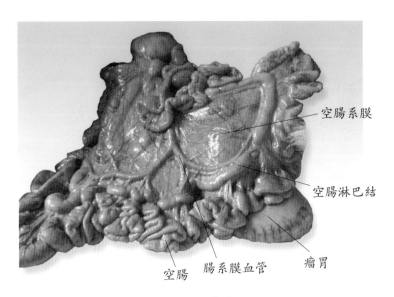

空腸系膜

空腸淋巴結

瘤胃

空腸　　腸系膜血管

圖1-116　牛空腸

(二)豬消心系

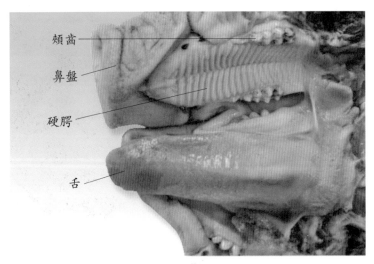

頰齒

鼻盤

硬腭

舌

圖1-117　豬上腭

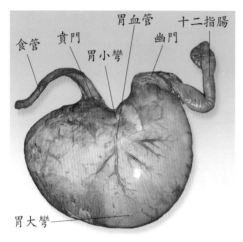

圖1-118　豬胃

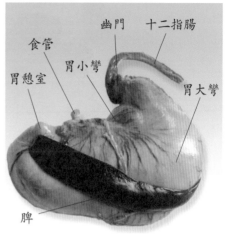

圖1-119　豬胃脾

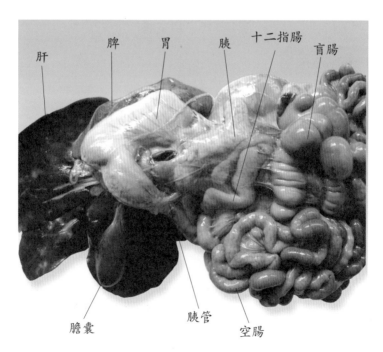

圖1-120　豬十二指腸、胰

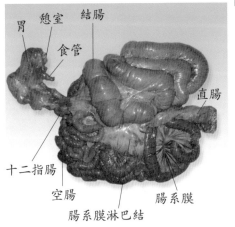

圖1-121　豬內臟

胃　憩室　結腸
食管
直腸
十二指腸
空腸　腸系膜
腸系膜淋巴結

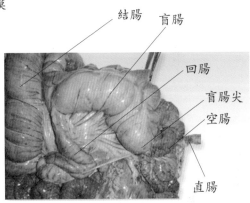

圖1-122　豬盲腸

結腸　盲腸
回腸
盲腸尖
空腸
直腸

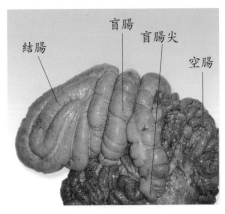

圖1-123　豬盲結腸

結腸　盲腸　盲腸尖　空腸

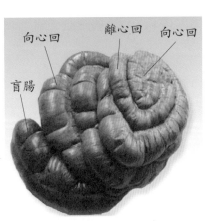

圖1-124　豬結腸

向心回　離心回　向心回
盲腸

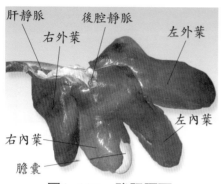

圖1-125 豬肝膈面

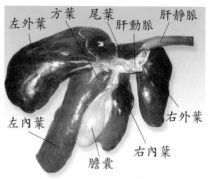

圖1-126 豬肝臟面

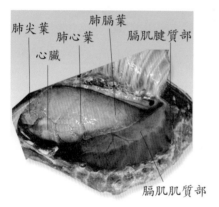

圖1-127 豬膈肌、肺

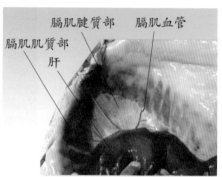

圖1-128 豬膈肌

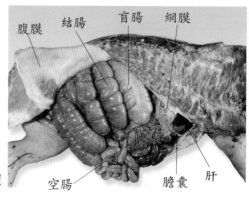

圖1-129 豬右腹腔

(三)羊消化系

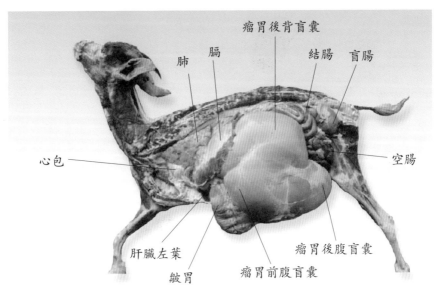

圖1-130　羊消化系左側觀

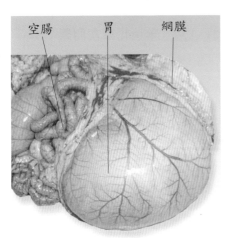

圖1-131　羊胃表面血管

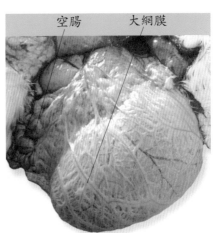

圖1-132　羊胃網膜

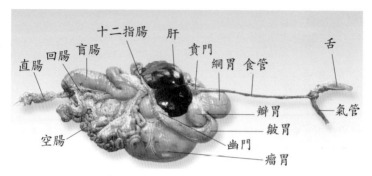

圖1-133　羊消化系右側觀

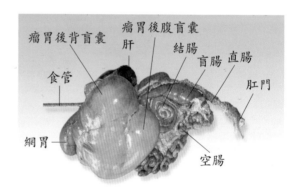

圖1-134　羊消化系左側觀

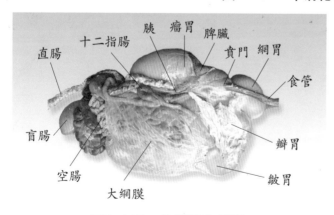

圖1-135　羊網膜右側觀

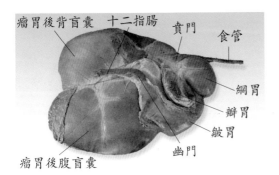

瘤胃後背盲囊　十二指腸　賁門　食管

網胃

瓣胃

皺胃

幽門

瘤胃後腹盲囊

圖1-136　羊胃右側觀

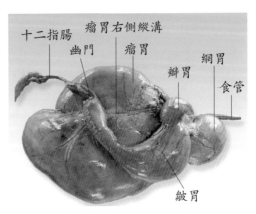

十二指腸　瘤胃右側縱溝

幽門　瘤胃

瓣胃　網胃

食管

皺胃

圖1-137　羊胃右側觀

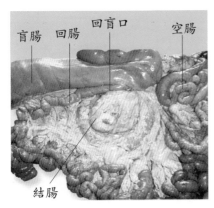

盲腸　回腸　回盲口　空腸

結腸

圖1-138　羊結腸右側觀

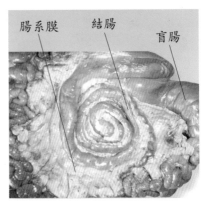

腸系膜　結腸　盲腸

圖1-139　羊結腸左側觀

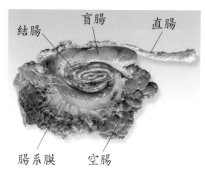

結腸　盲腸　直腸

腸系膜　空腸

圖1-140　羊大腸左側觀

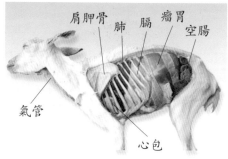

肩胛骨　肺　膈　瘤胃　空腸

氣管

心包

圖1-141　羊內臟投影左側觀

(四) 馬消化系

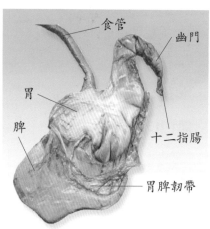

食管　幽門

胃

脾

十二指腸

胃脾韌帶

圖1-142　馬胃、脾

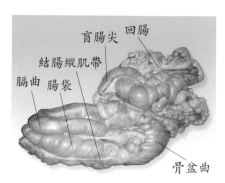

盲腸尖　回腸

結腸縱肌帶

膈曲　腸袋

骨盆曲

圖1-143　馬消化系

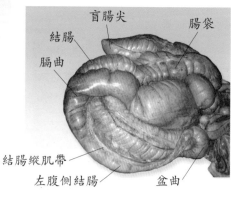

盲腸尖　腸袋

結腸

膈曲

結腸縱肌帶

左腹側結腸　盆曲

圖1-144　馬結腸、盲腸

五、呼吸系

　　呼吸系的主要功能是進行內外氣體交換，參與機體的新陳代謝，不斷吸入氧氣和呼出二氧化碳，與心血管系有著密切的關係。呼吸系包括鼻、喉、氣管、支氣管和肺。

(一) 牛呼吸系

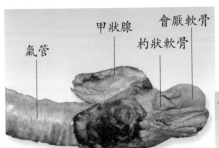

圖1-145　牛喉氣管

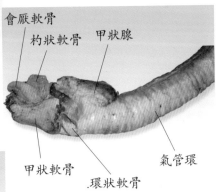

圖1-146　牛喉氣管側面觀

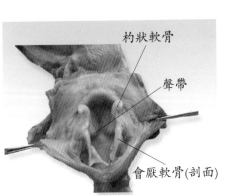

圖1-147　牛喉軟骨

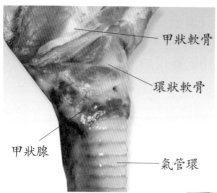

甲狀軟骨

環狀軟骨

甲狀腺

氣管環

圖1-148　牛喉頭側面觀

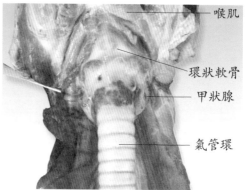

喉肌

環狀軟骨

甲狀腺

氣管環

圖1-149　牛甲狀腺

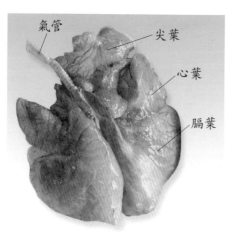

氣管

尖葉

心葉

膈葉

圖1-150　牛肺背側觀

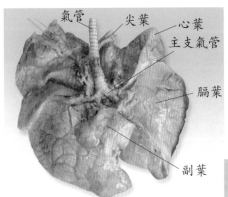

圖1-151　牛腹側觀

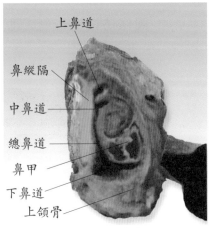

圖1-152　牛鼻甲

(二) 豬呼吸系

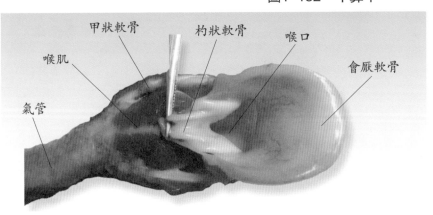

圖1-153　豬喉頭背側觀

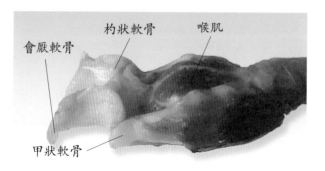

圖1-154　豬喉側面觀

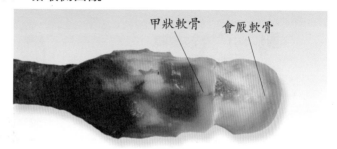

圖1-155　豬喉頭腹側觀

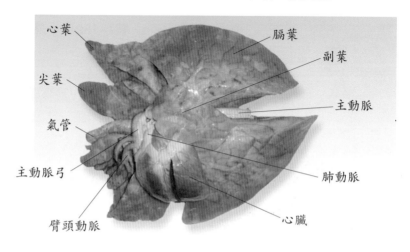

圖1-156　豬肺腹側觀

心葉　膈葉

尖葉　肋面

內側面

氣管

主動脈

圖1-157　豬肺背側觀

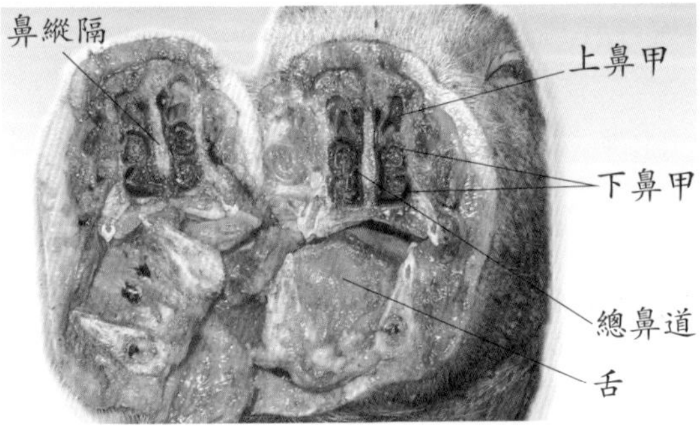

鼻縱隔　上鼻甲

下鼻甲

總鼻道

舌

圖1-158　豬鼻甲骨斷面

(三) 羊呼吸系

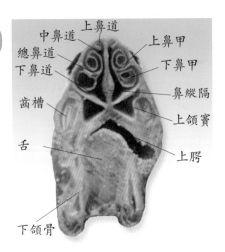

中鼻道　上鼻道

總鼻道　上鼻甲

下鼻道　下鼻甲

齒槽　鼻縱隔

上頜竇

舌　上腭

下頜骨

圖1-159　羊鼻甲骨斷面

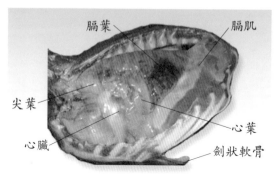

膈葉　　　　　　膈肌

尖葉

心臟　　　　　　　　　　心葉

劍狀軟骨

圖1-160　羊胸腔剖視左側觀

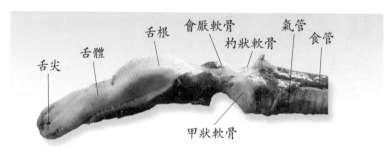

舌根　會厭軟骨　氣管　食管

舌體　　　杓狀軟骨

舌尖

甲狀軟骨

圖1-161　羊咽喉、氣管

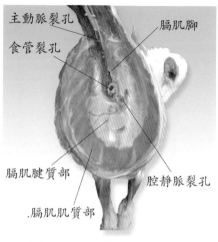

主動脈裂孔　　　　　膈肌腳

食管裂孔

膈肌腱質部　　　　　腔靜脈裂孔

膈肌肌質部

圖1-162　羊膈肌後側觀

圖1-163　羊肺注塑背側觀

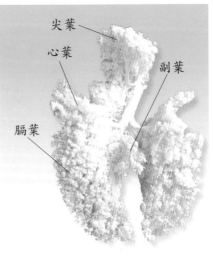

圖1-164　羊肺注塑腹側觀

(四)馬呼吸系

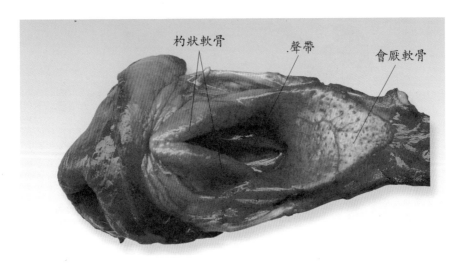

圖1-165　馬喉頭背側觀

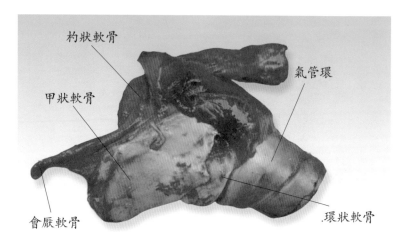

杓狀軟骨

氣管環

甲狀軟骨

會厭軟骨

環狀軟骨

圖1-166　馬喉頭側面觀

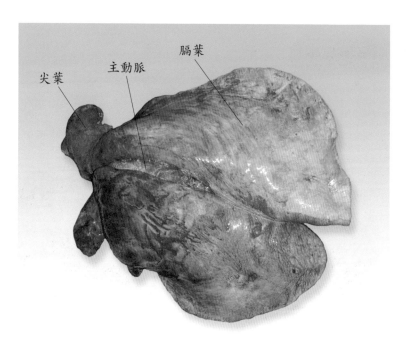

尖葉

主動脈

膈葉

圖1-167　馬肺

六、泌尿生殖系

　　泌尿生殖系由泌尿系和生殖系兩個系統組成；這兩個系統有著密切的關係。透過大體解剖圖片可以了解各動物泌尿系統的不同點及與生殖系統的關係，比較公、母畜泌尿、生殖系形態結構及相互關係。

(一)牛泌尿生殖系

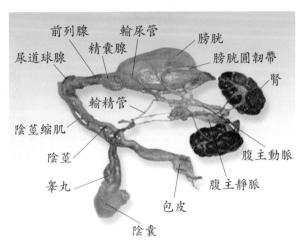

圖1-168　公牛生殖器

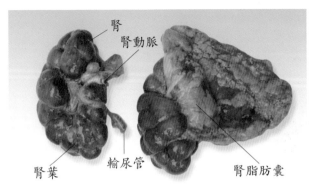

圖1-169　奶牛腎

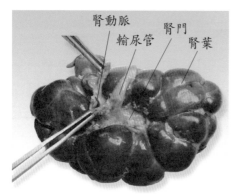

圖1-170 奶牛腎血管

腎動脈 腎門
輸尿管 腎葉

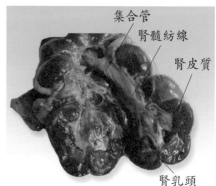

圖1-171 奶牛腎剖面

集合管
腎髓紡線
腎皮質
腎乳頭

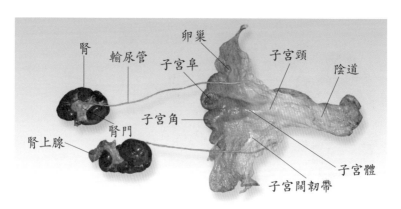

圖1-172 母水牛泌尿生殖系背側觀

腎 卵巢
輸尿管 子宮頸
子宮阜 陰道
子宮角
腎門
腎上腺
子宮體
子宮闊韌帶

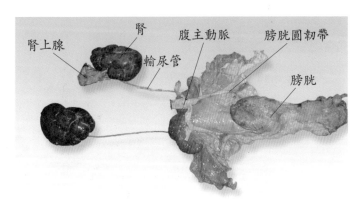

腎上腺　腎　腹主動脈　膀胱圓韌帶
輸尿管　膀胱

圖1-173　母水牛泌尿系腹側觀

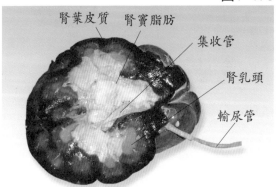

腎葉皮質　腎竇脂肪　集收管　腎乳頭　輸尿管

圖1-174　水牛腎剖面

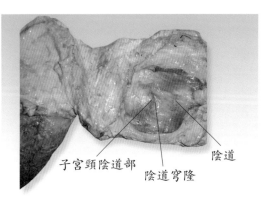

子宮頸陰道部　陰道穹隆　陰道

圖1-175　水牛子宮頸

(二)豬泌尿生殖系

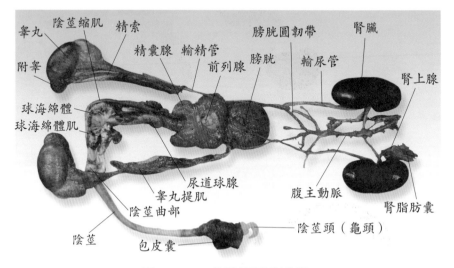

圖1-176　公豬泌尿生殖器

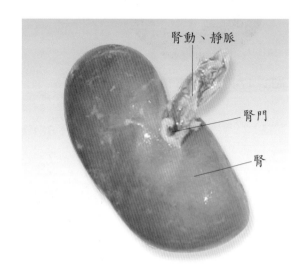

圖1-177　豬腎

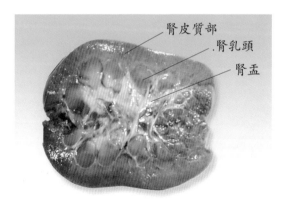

圖1-178　豬腎剖面觀

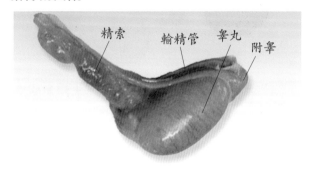

圖1-179　豬睪丸

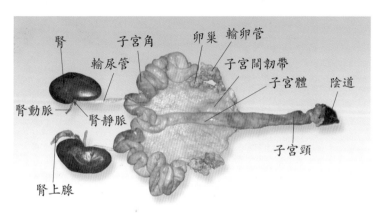

圖1-180　豬泌尿生殖系背側觀

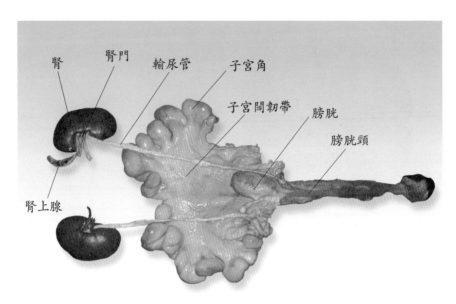

腎　腎門　　輸尿管　　子宮角

子宮闊韌帶　膀胱

膀胱頸

腎上腺

圖1-181　豬泌尿生殖系腹側觀

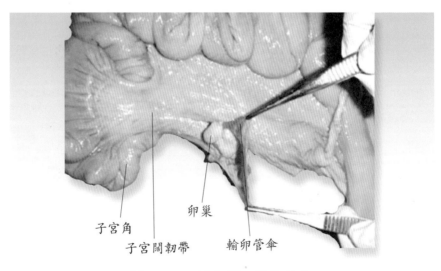

子宮角

子宮闊韌帶　　卵巢

輸卵管傘

圖1-182　豬卵巢、輸卵管傘

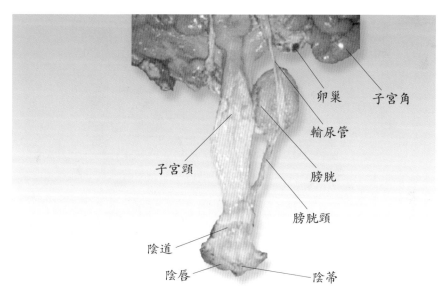

卵巢
子宮角
輸尿管
子宮頸
膀胱
膀胱頸
陰道
陰唇
陰蒂

圖1-183　豬子宮頸、陰道

(三)羊泌尿生殖系

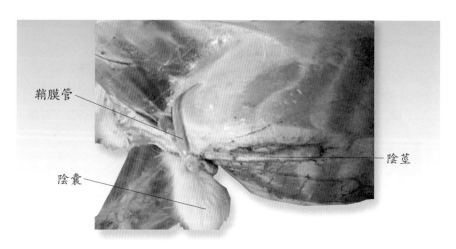

鞘膜管
陰莖
陰囊

圖1-184　公羊陰囊

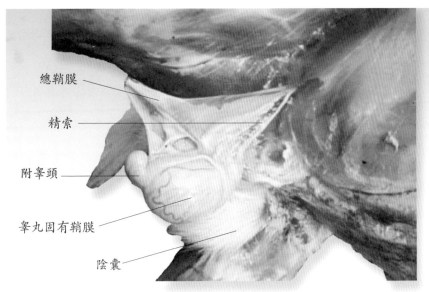

總鞘膜

精索

附睾頭

睾丸固有鞘膜

陰囊

圖1-185　公羊睾丸

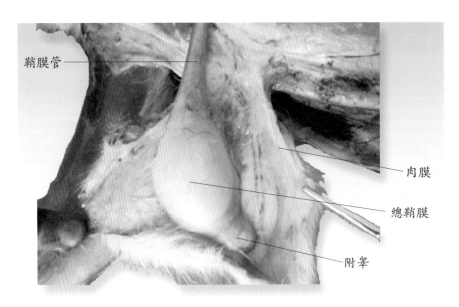

鞘膜管

肉膜

總鞘膜

附睾

圖1-186　公羊鞘膜、肉膜

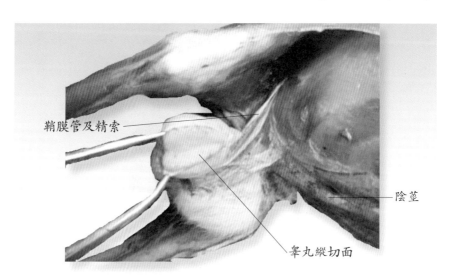

鞘膜管及精索

陰莖

睪丸縱切面

圖1-187　公羊睪丸縱剖面

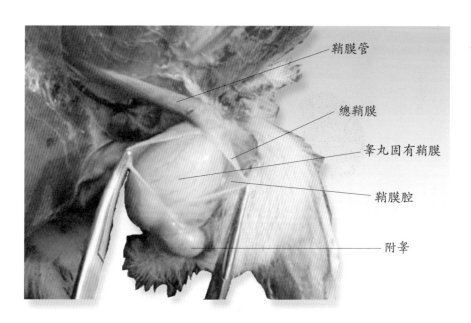

鞘膜管

總鞘膜

睪丸固有鞘膜

鞘膜腔

附睪

圖1-188　公羊睪丸鞘膜

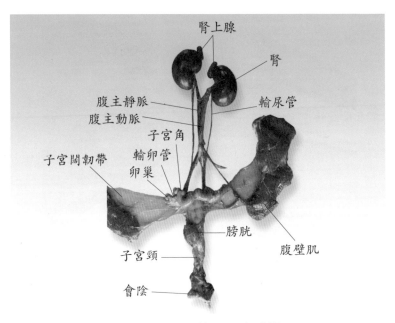

圖1-189　母羊泌尿生殖器

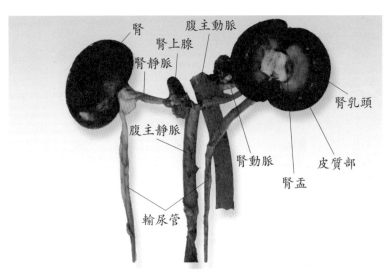

圖1-190　羊腎剖面觀

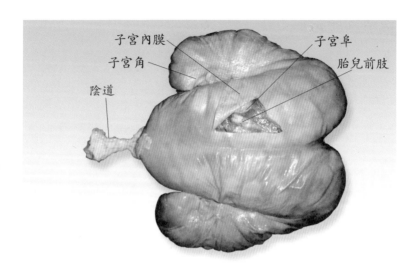

子宮內膜　　　　　子宮阜
子宮角　　　　　　胎兒前肢
陰道

圖1-191　孕羊子宮

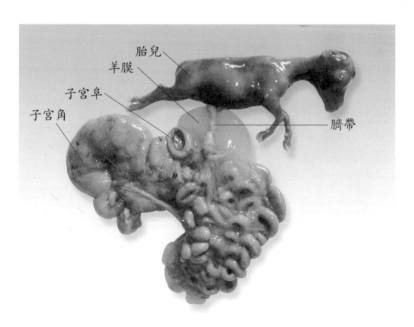

胎兒
羊膜
子宮阜
子宮角
臍帶

圖1-192　羊胎兒及子宮阜

(四) 馬泌尿生殖系

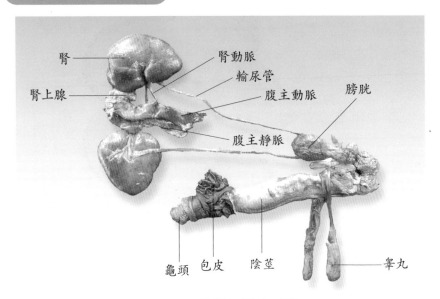

腎　　腎動脈　　輸尿管　　腹主動脈　　膀胱
腎上腺　　腹主靜脈
龜頭　包皮　陰莖　　睾丸

1-193　公馬泌尿生殖器

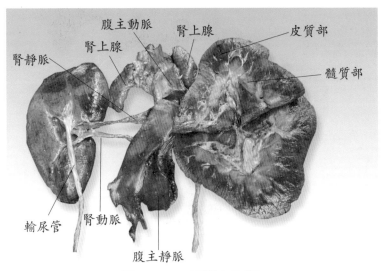

腹主動脈　腎上腺　皮質部
腎靜脈　　腎上腺　　髓質部
輸尿管　腎動脈
腹主靜脈

圖1-194　馬腎剖面觀

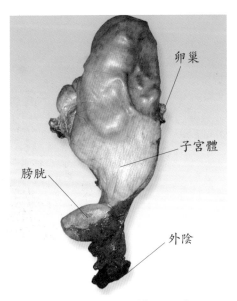

卵巢

子宮體

膀胱

外陰

圖1-195　母馬懷孕子宮

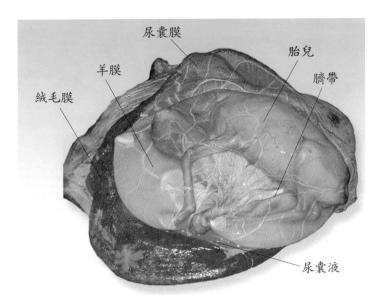

尿囊膜

羊膜

胎兒

臍帶

絨毛膜

尿囊液

圖1-196　馬胎盤

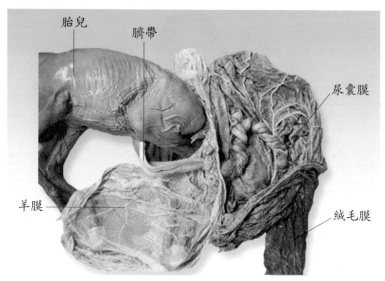

胎兒　　臍帶

尿囊膜

羊膜

絨毛膜

圖1-197　馬羊膜

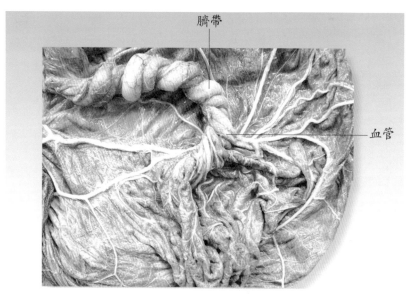

臍帶

血管

圖1-198　馬臍帶

七、心血管系

　　心血管系是由一系列密閉的管道組成，心血管系的作用是運輸營養物質到全身各器官、組織、細胞供其利用，將代謝產物運至肺、腎及皮膚排出體外。心臟在神經體液的調節作用下，產生收縮和舒張，使其中的血液按一定的方向流動，沿途反覆分支，管徑越分越小，管壁越分越薄，分支相互吻合成網，遍佈全身。

(一) 牛心血管系

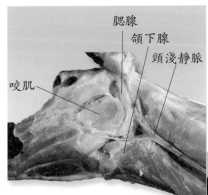

圖1-199　牛頸部血管

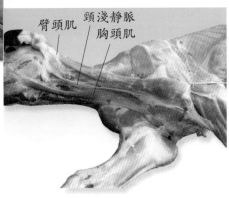

圖1-200　牛頸靜脈

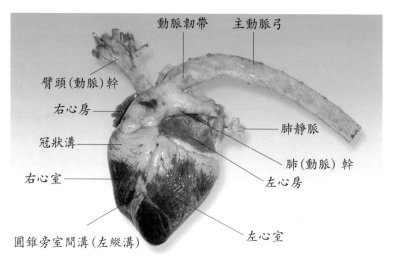

圖1-201　牛心左側觀

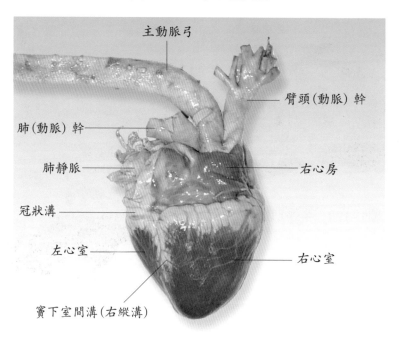

圖1-202　牛心右側觀

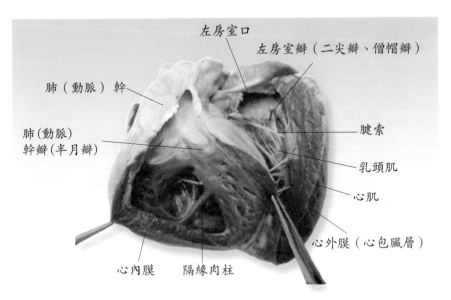

圖1-203　牛心室縱剖面

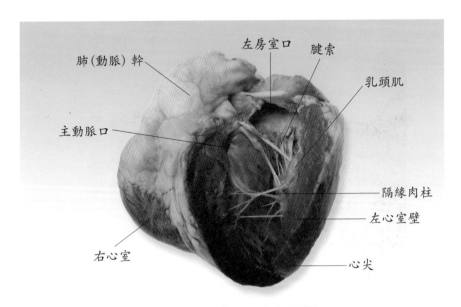

圖1-204　牛左心室剖面觀

(二)豬心血管系

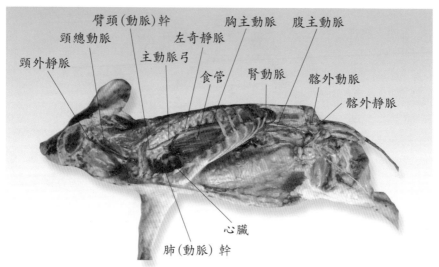

圖1-205　豬胸腔和腹腔血管

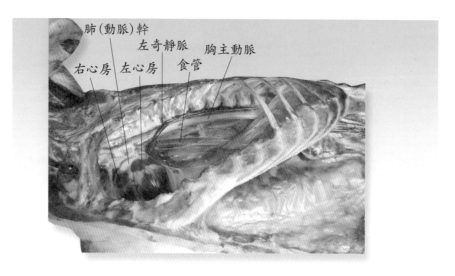

圖1-206　豬胸腔動脈

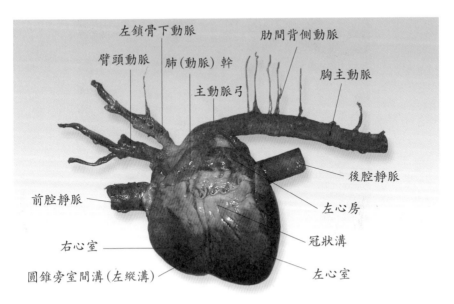

左鎖骨下動脈　　　　肋間背側動脈

臂頭動脈　肺(動脈)幹　　　　　胸主動脈

主動脈弓

後腔静脈

前腔静脈

左心房

右心室

冠狀溝

圓錐旁室間溝(左縱溝)

左心室

圖1-207　豬心左側觀

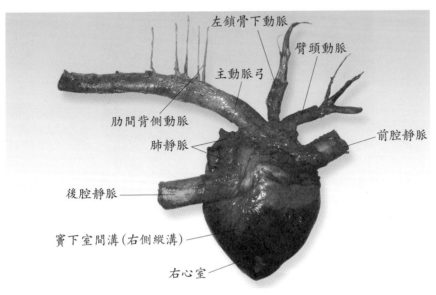

左鎖骨下動脈

臂頭動脈

主動脈弓

肋間背側動脈

肺静脈

前腔静脈

後腔静脈

竇下室間溝(右側縱溝)

右心室

圖1-208　豬心右側觀

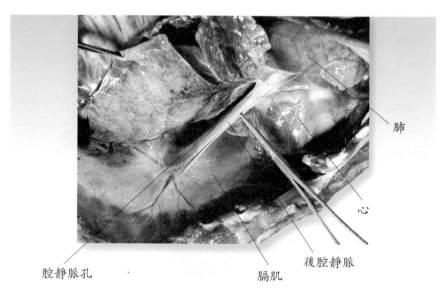

肺

心

腔靜脈孔　　　　　　　膈肌　　　　後腔靜脈

圖1-209　豬後腔靜脈

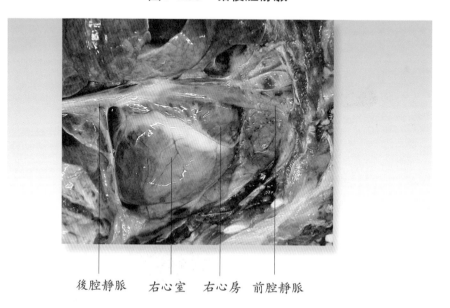

後腔靜脈　　右心室　　右心房　　前腔靜脈

圖1-210　豬胸腔右側觀（示前、後腔靜脈）

(三)羊心血管系

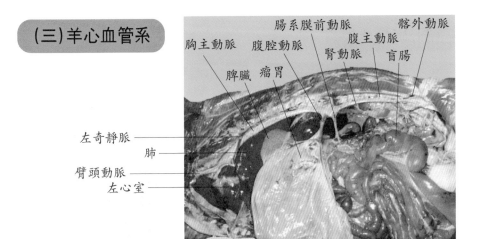

腸系膜前動脈　　　髂外動脈
胸主動脈　腹腔動脈　　腹主動脈
脾臟　瘤胃　　腎動脈　　盲腸

左奇靜脈
肺
臂頭動脈
左心室

圖1-211　羊胸腔和腹腔動脈

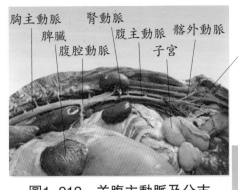

胸主動脈　腎動脈
脾臟　　腹主動脈　髂外動脈
腹腔動脈　子宮
髂內動脈

圖1-212　羊腹主動脈及分支

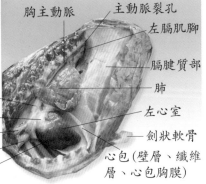

胸主動脈　　主動脈裂孔
左膈肌腳
膈腱質部
肺
主動脈弓
肺（動脈）幹
左心室
臂頭動脈
劍狀軟骨
前腔靜脈
右心室
心包(壁層、纖維
層、心包胸膜)

圖1-213　羊心基部血管

(四)鑄型標本

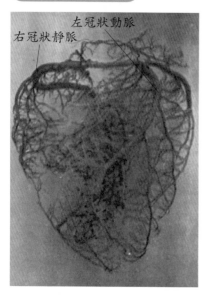

右冠狀靜脈
左冠狀動脈

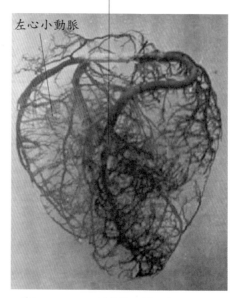

右冠狀脈靜脈（心大靜脈）
左心小動脈

圖1-214　心臟鑄型標本右側觀　　圖1-215　心臟鑄型標本左側觀

腎動脈分支
腎動脈
輸尿管

圖1-216　腎鑄型標本

八、淋巴系

淋巴系由淋巴管、淋巴組織、淋巴器官和淋巴組成。它包括脾臟、胸腺、法氏囊、淋巴結和彌散淋巴組織、淋巴弧結和集結。本節重點介紹各動物脾臟的形態及淺表淋巴結的位置。

(一)牛淋巴系

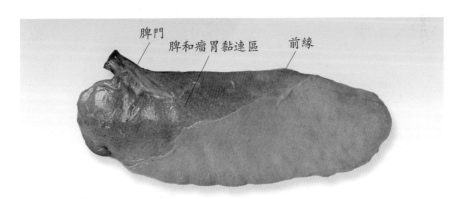

圖1-217　牛脾臟面

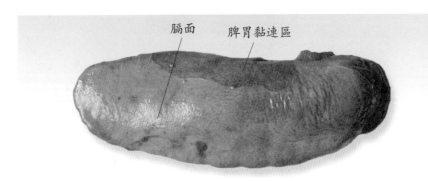

圖1-218　牛脾臟膈面

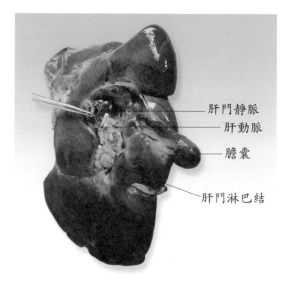

肝門靜脈

肝動脈

膽囊

肝門淋巴結

圖1-219　牛肝門淋巴結

(二)豬淋巴系

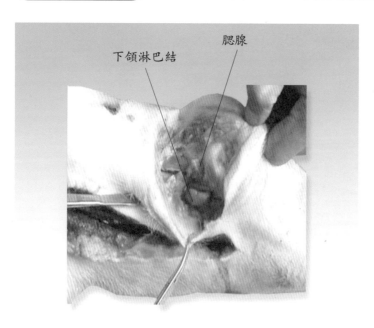

下頜淋巴結　　腮腺

圖1-220　豬下頜淋巴結

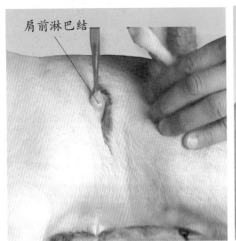

圖1-221　豬肩前淋巴結

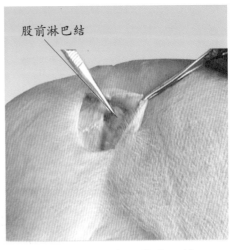

圖1-222　豬股前淋巴結

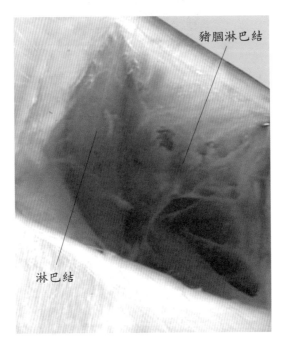

圖1-223　豬膕淋巴結

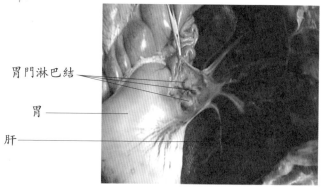

胃門淋巴結

胃

肝

圖1-224　豬胃門淋巴結

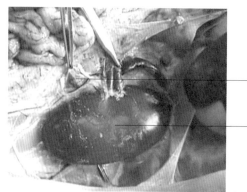

腎門淋巴結

腎

圖1-225　豬腎門淋巴結

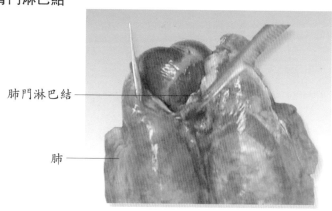

肺門淋巴結

肺

圖1-226　豬肺門淋巴結

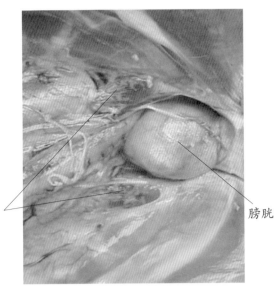

髂內淋巴結
（腹股溝深淋巴結）

膀胱

圖1-227　豬腹股溝深淋巴結

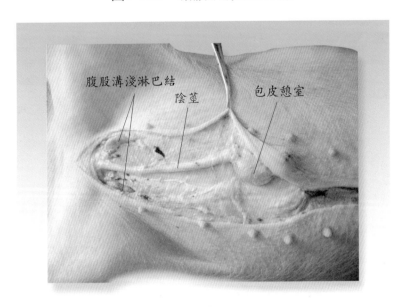

腹股溝淺淋巴結

陰莖

包皮憩室

圖1-228　豬腹股溝淺淋巴結

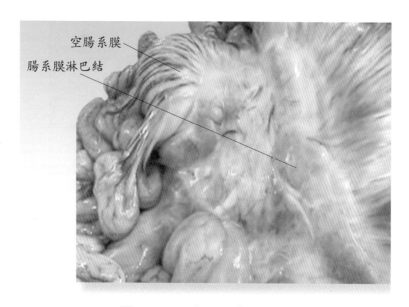

空腸系膜

腸系膜淋巴結

圖1-229　豬腸系膜淋巴結

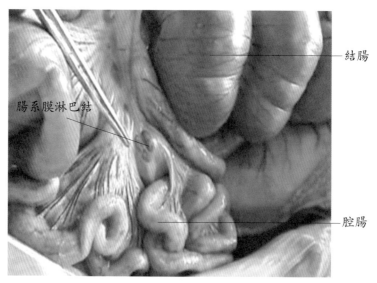

結腸

腸系膜淋巴結

腔腸

圖1-230　豬腸系膜淋巴結

圖1-231　豬脾壁面

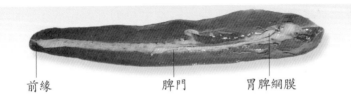

前緣　　　　　脾門　　　　胃脾網膜

圖1-232　豬脾臟面

(三)羊、馬淋巴系

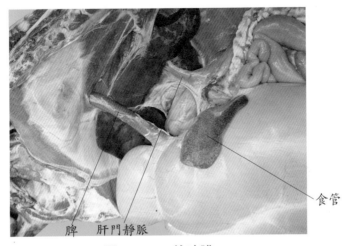

脾　肝門靜脈　　　　　　　　食管

圖1-233　羊脾臟

1-234 馬脾壁面

九、神經內分泌系

　　神經系統由腦、脊髓、神經節及全身的神經組成，它能接受體內外各種刺激，並將刺激轉變為神經衝動進行傳導，調節機體各器官的生理活動，保持器官之間平衡協調，保證機體與外界環境的平衡一致。

　　內分泌包括腦垂體、腎上腺、甲狀腺等，其分泌的物質稱為激素，分泌物可直接進入血液或淋巴，隨血液運至全身調節各器官的功能活動。

(一)神經系

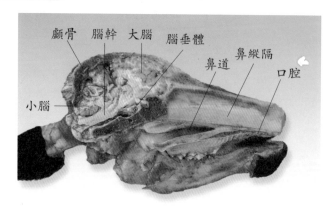

圖1-235 牛顱腔

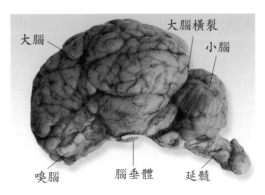

圖1-236　牛腦外形

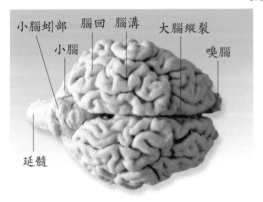

圖1-237　牛腦回、腦溝

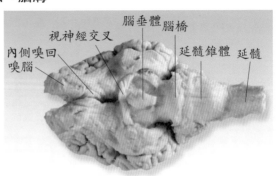

圖1-238　牛腦腹側面

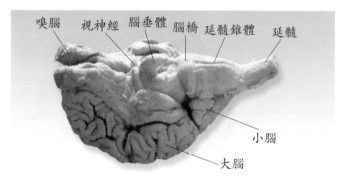

圖1-239　牛腦側面

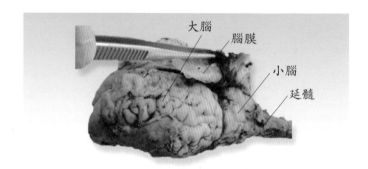

圖1-240　牛腦外膜

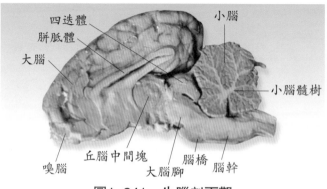

圖1-241　牛腦剖面觀

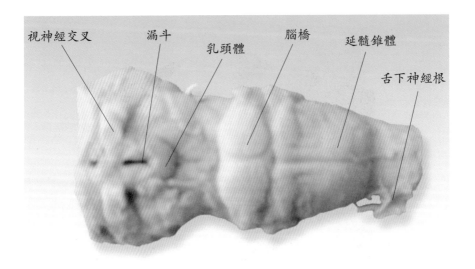

視神經交叉　漏斗　乳頭體　腦橋　延髓錐體　舌下神經根

圖1-242　牛腦幹腹側觀

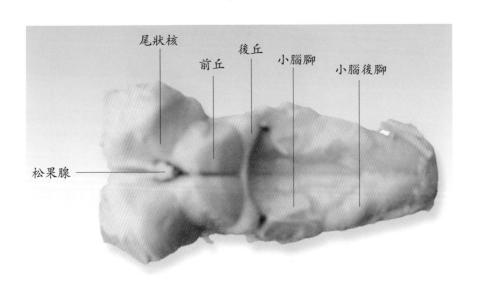

尾狀核　前丘　後丘　小腦腳　小腦後腳

松果腺

圖1-243　牛腦幹背側觀

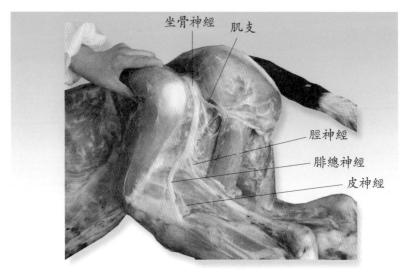

坐骨神經　肌支

脛神經

腓總神經

皮神經

圖1-244　牛坐骨神經

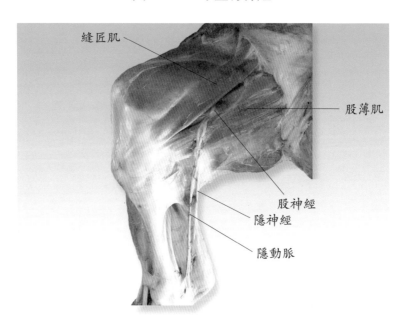

縫匠肌

股薄肌

股神經

隱神經

隱動脈

圖1-245　牛股內側神經

圖1-246　牛脊髓

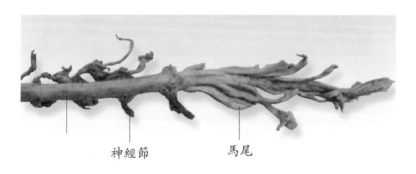

圖1-247　牛脊髓尾部

圖1-248　牛脊髓背側根、腹側根

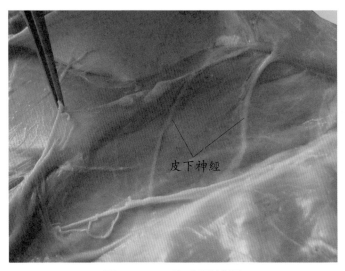

圖1-249　牛皮下神經

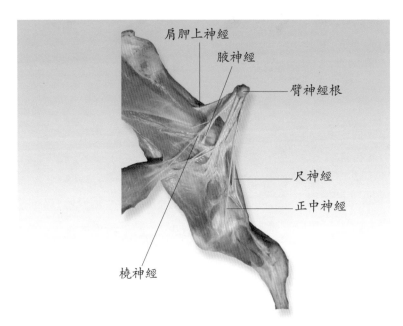

圖1-250　牛前肢臂神經叢

(二)內分泌系

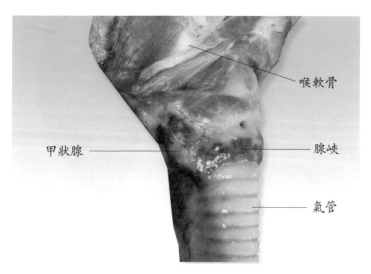

圖1-251　牛甲狀腺側觀

喉軟骨
甲狀腺
腺峽
氣管

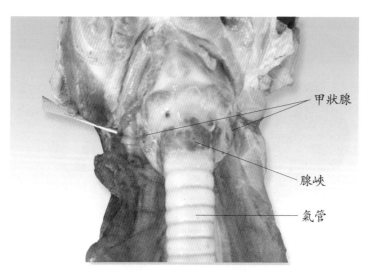

圖1-252　牛甲狀腺腹側觀

甲狀腺
腺峽
氣管

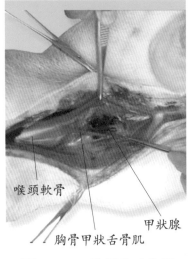

喉頭軟骨

胸骨甲狀舌骨肌

甲狀腺

圖1-253　豬甲狀腺位置

圖1-254　豬甲狀腺

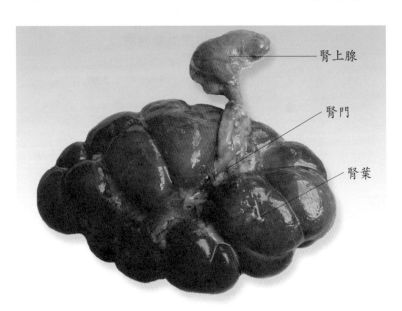

腎上腺

腎門

腎葉

圖1-255　牛腎上腺

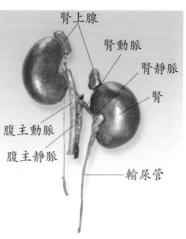

圖1-256　羊腎上腺

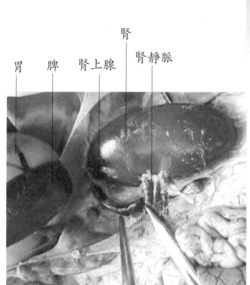

圖1-257　豬腎上腺

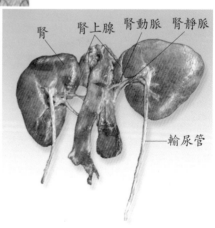

圖1-258　馬腎上腺

前腔靜脈　腋靜脈　右心房　胸腺　　肋骨斷端　　肺縱隔
　　　　　　　　　　　　　　右心室

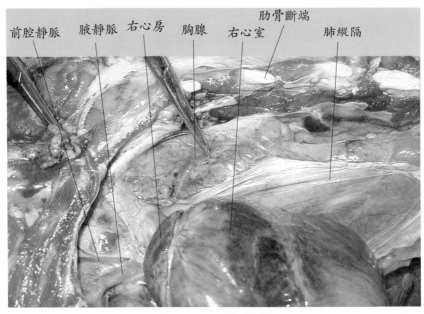

圖1-259　豬胸腺

氣管　　　甲狀腺

圖1-260　馬甲狀腺

十、感覺器官

本節主要介紹眼、耳的解剖結構。眼包括視神經、眼球壁、眼球肌、晶狀體、玻璃體等的形態、結構；主要採用模式圖解釋中耳、內耳的基本結構，瞭解聽小骨（錘骨、砧骨、鐙骨）、耳蝸的基本形態和作用。

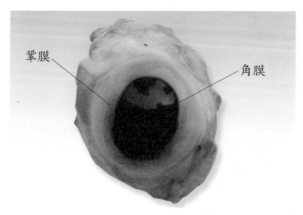

鞏膜　　　　　　　　　角膜

圖1-261　眼球

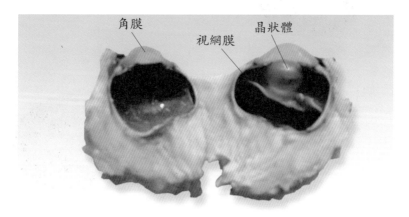

角膜　　　視網膜　　晶狀體

圖1-262　角膜

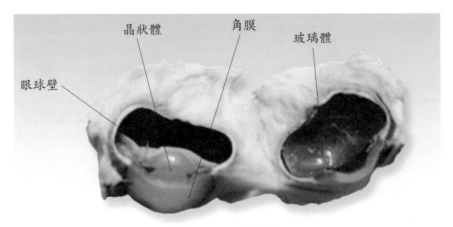

圖1-263　眼球壁

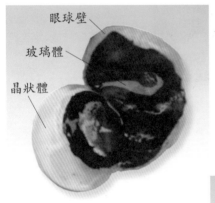

圖1-264　晶狀體

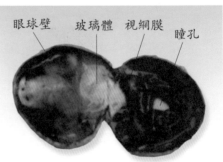

圖1-265　玻璃體

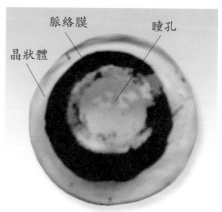

1-266　晶狀體

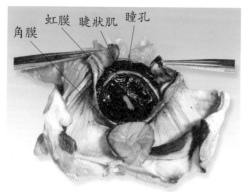

圖1-267　虹膜

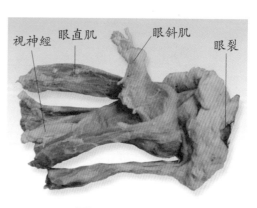

圖1-268　眼肌

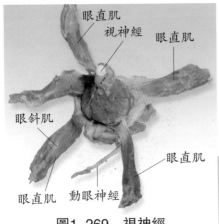

圖1-269 視神經

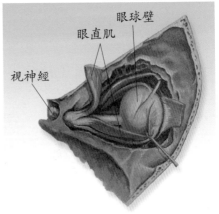

圖1-270 眼肌

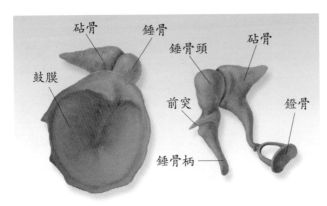

圖1-271 聽小骨

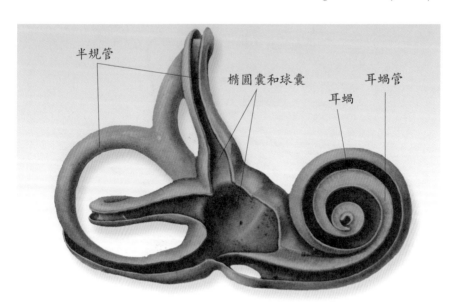

圖1-272　耳窩

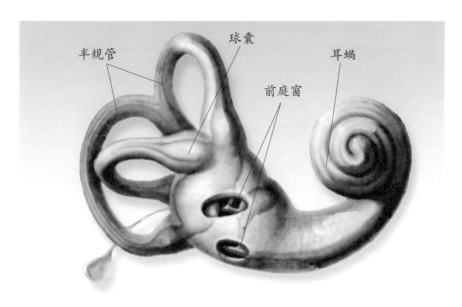

圖1-273　半規路

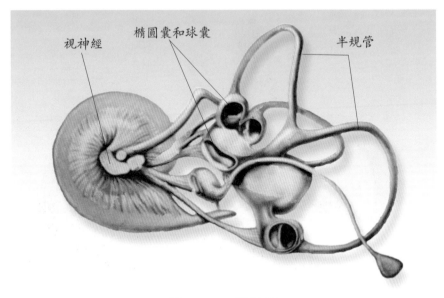

視神經　　橢圓囊和球囊　　半規管

圖1–274　聽神經

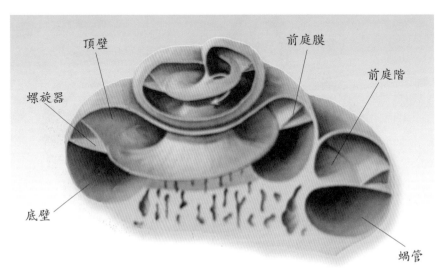

頂壁　　前庭膜

螺旋器　　前庭階

底壁　　蝸管

圖1–275　耳窩縱切面

第二章　家禽解剖原色圖譜

　　本節重點介紹家禽各系統的大體解剖結構，包括公雞、母雞、鴨、鵝內臟器官的不同形態。

(一)雞

翼膜長肌
臂二頭肌
翼肌
翼收肌
股二頭肌
臀中肌

圖2-1　雞背側肌

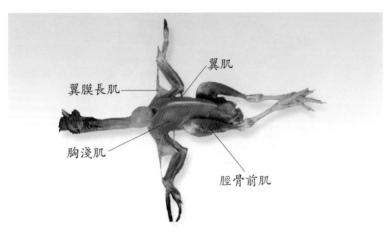

翼肌
翼膜長肌
胸淺肌
脛骨前肌

圖2-2　雞腹側肌

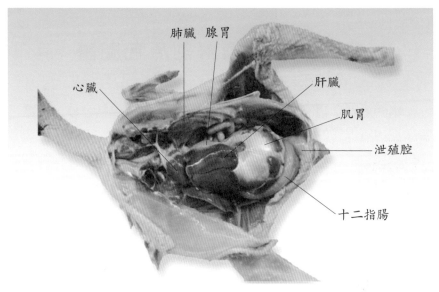

肺臟　腺胃

心臟

肝臟

肌胃

泄殖腔

十二指腸

圖2-3　雞內臟

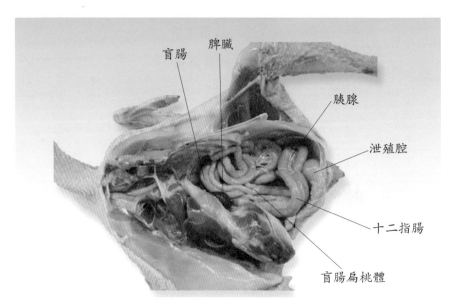

盲腸　脾臟

胰腺

泄殖腔

十二指腸

盲腸扁桃體

圖2-4　雞十二指腸

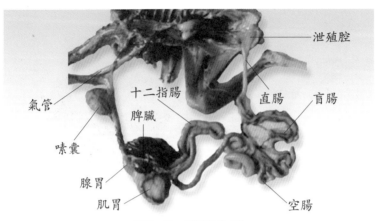

圖2-5　雞消化系

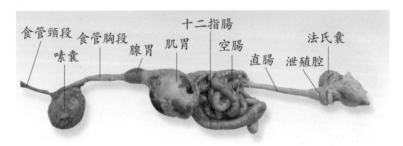

圖2-6　雞消化器

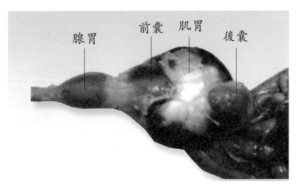

圖2-7　雞胃外觀

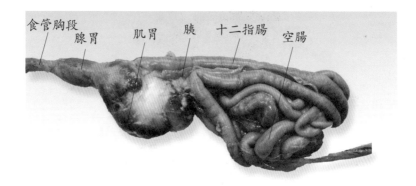

食管胸段　腺胃　肌胃　胰　十二指腸　空腸

圖2-8　雞胃、腸

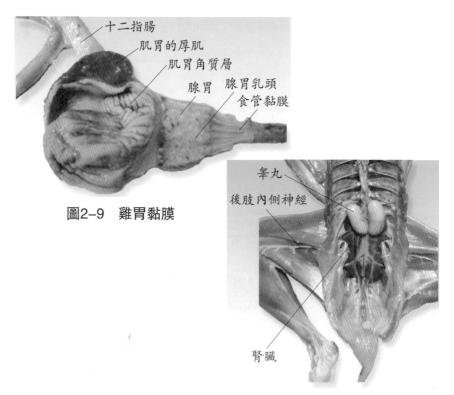

十二指腸
肌胃的厚肌
肌胃角質層
腺胃　腺胃乳頭
食管黏膜

圖2-9　雞胃黏膜

睪丸
後肢內側神經
腎臟

圖2-10　公雞睪丸

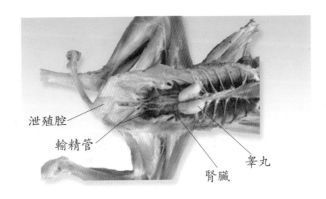

泄殖腔

輸精管

睪丸

腎臟

圖2-11　公雞睪丸、腎臟

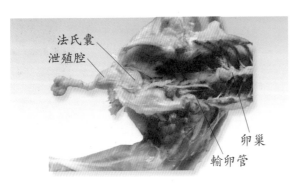

法氏囊

泄殖腔

卵巢

輸卵管

圖2-12　雞卵巢

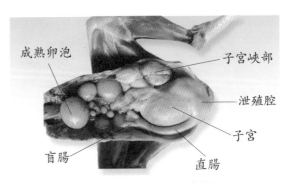

成熟卵泡

子宮峽部

泄殖腔

子宮

盲腸

直腸

圖2-13　母雞生殖器

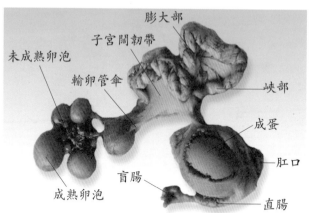

圖2-14　雞生殖器

膨大部
子宮闊韌帶
未成熟卵泡
輸卵管傘
峽部
成蛋
肛口
盲腸
直腸
成熟卵泡

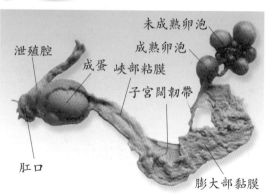

圖2-15　雞子宮、卵巢

泄殖腔
成蛋
未成熟卵泡
成熟卵泡
峽部粘膜
子宮闊韌帶
肛口
膨大部黏膜

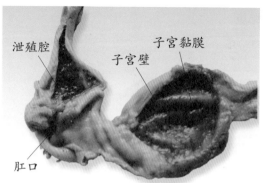

圖2-16　雞蛋腺部

泄殖腔
子宮黏膜
子宮壁
肛口

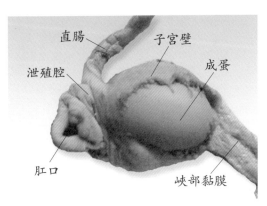

圖2-17　雞泄殖腔

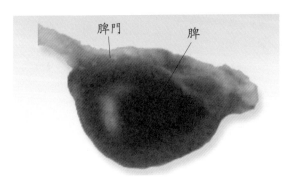

圖2-18　雞脾臟

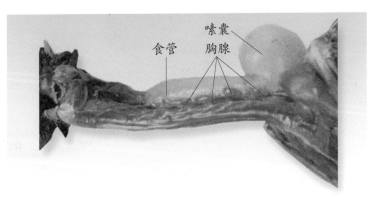

圖2-19　雞胸腺

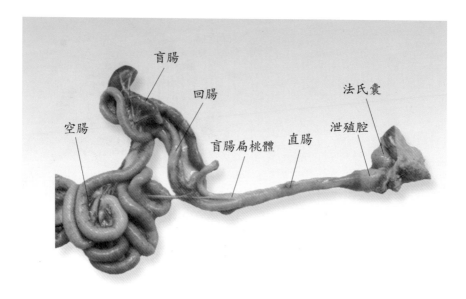

盲腸　回腸　法氏囊

空腸　盲腸扁桃體　直腸　泄殖腔

圖2-20　雞法氏囊

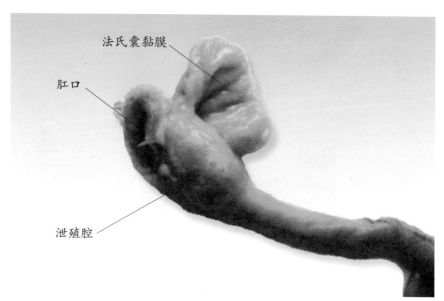

法氏囊黏膜

肛口

泄殖腔

圖2-21　泄殖腔、法氏囊

圖2-22　雞骨骼

(二)鴨、鵝

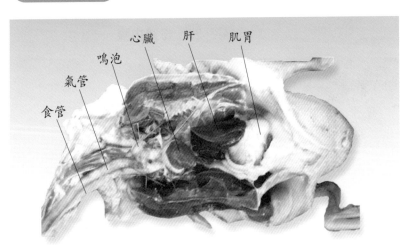

圖2-23　鴨腹腔觀

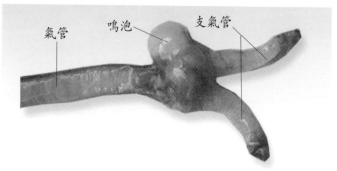

氣管　　鳴泡　　支氣管

圖2-24　鴨鳴泡

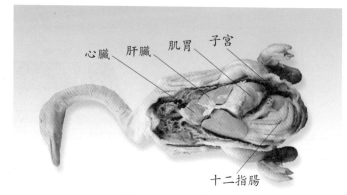

心臟　肝臟　肌胃　子宮

十二指腸

圖2-25　母鵝內臟

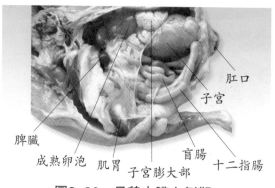

脾臟

成熟卵泡　肌胃　子宮膨大部　盲腸　十二指腸

肛口

子宮

圖2-26　母鵝內臟左側觀

第三章　犬、貓解剖原色圖譜

一、犬

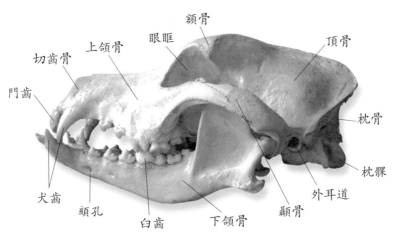

圖3-1　犬頭骨側面觀

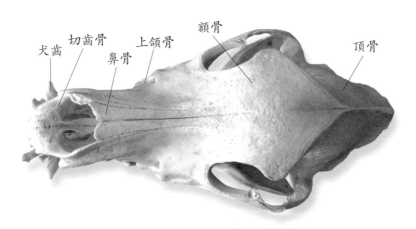

圖3-2　犬頭骨頂側觀

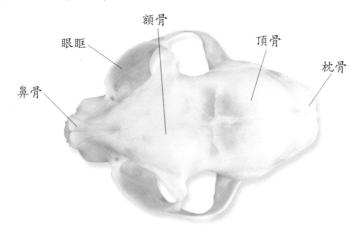

額骨

眼眶

頂骨

枕骨

鼻骨

圖3-3　京巴犬頭骨

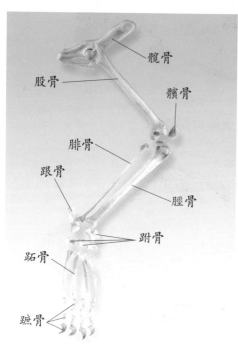

髖骨

股骨

髕骨

腓骨

跟骨

脛骨

蹠骨

跖骨

趾骨

圖3-4　京巴犬右後肢外側觀

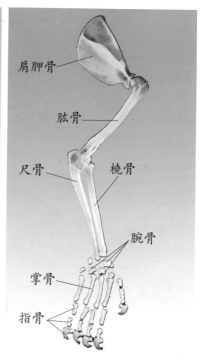

肩胛骨

肱骨

尺骨

橈骨

腕骨

掌骨

指骨

圖3-5　京巴犬右前肢骨外側觀

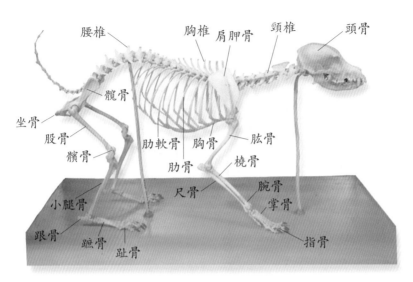

圖3-6　犬全身骨骼

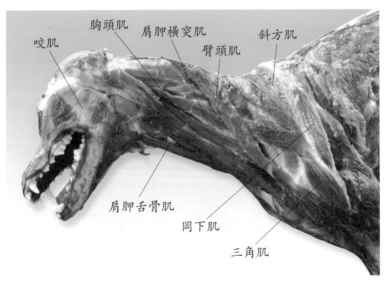

圖3-7　犬頸部肌肉左側觀

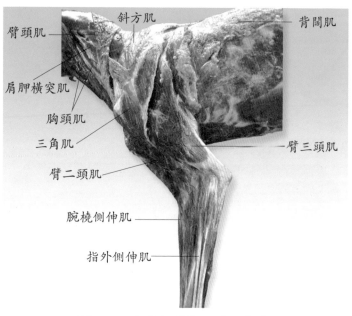

斜方肌　　　　　　　　背闊肌

臂頭肌

肩胛橫突肌

胸頭肌

三角肌　　　　　　　　　　　臂三頭肌

臂二頭肌

腕橈側伸肌

指外側伸肌

圖3-8　犬前軀淺層肌肉左側觀

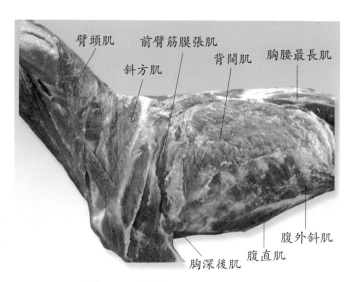

臂頭肌　　前臂筋膜張肌

斜方肌　　　背闊肌　胸腰最長肌

腹外斜肌

胸深後肌　　腹直肌

圖3-9　犬頸、腹肌肉左側觀

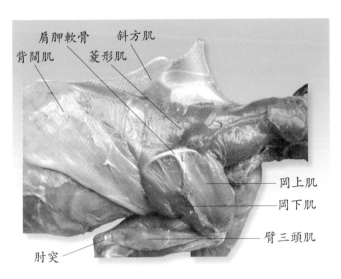

圖3-10　犬肩帶肌（深層）

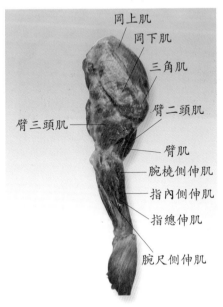

圖3-11　犬前肢肌肉外側觀

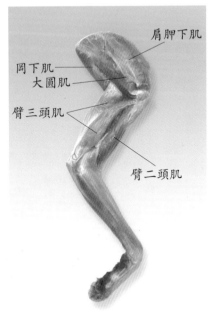

圖3-12　犬前肢肌肉內側觀

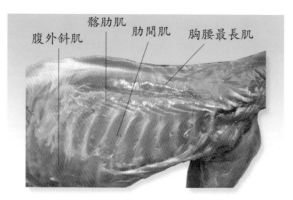

圖3-13　犬胸腹部淺層肌

圖3-14　犬胸部肌肉

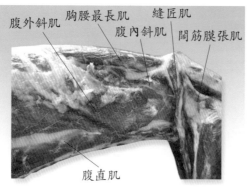

圖3-15　犬腹外斜肌肉左側觀

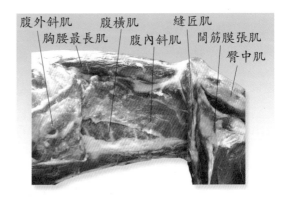

圖3-16 犬腹部肌肉左側觀

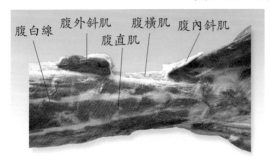

圖3-17 犬腹底壁肌肉

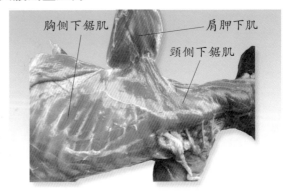

圖3-18 犬胸部肌

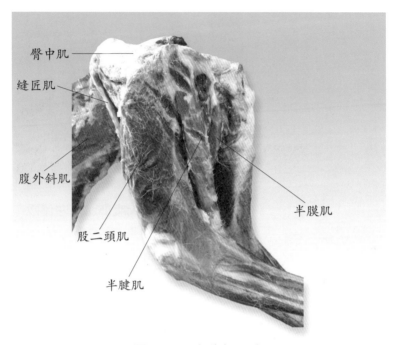

臀中肌

縫匠肌

腹外斜肌

股二頭肌

半腱肌

半膜肌

圖3-19　犬後軀肌肉

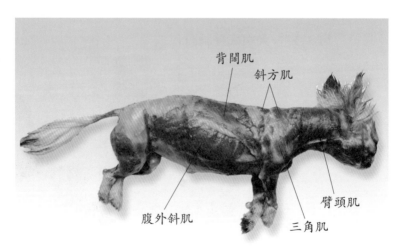

背闊肌

斜方肌

腹外斜肌

臂頭肌

三角肌

圖3-20　京巴犬肩帶部肌（淺層）

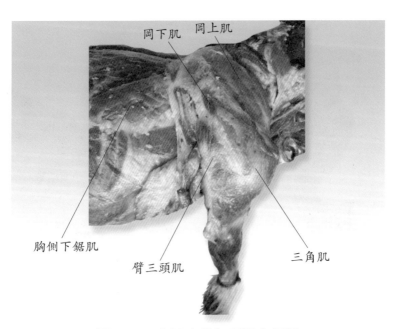

岡下肌　岡上肌

胸側下鋸肌

臂三頭肌

三角肌

圖3-21　京巴犬前軀深肌右側觀

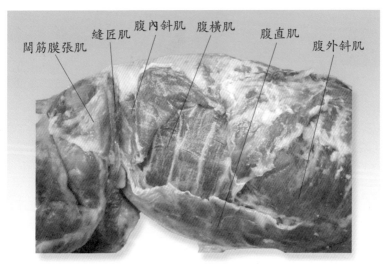

闊筋膜張肌　縫匠肌　腹內斜肌　腹橫肌　腹直肌　腹外斜肌

圖3-22　京巴犬腹壁肌

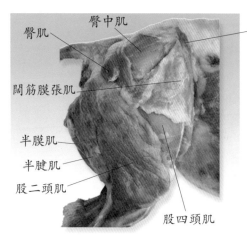

臀肌
臀中肌
縫匠肌
闊筋膜張肌
半膜肌
半腱肌
股二頭肌
股四頭肌

圖3-23　京巴犬股部肌肉

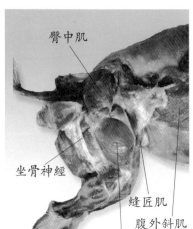

臀中肌
坐骨神經
縫匠肌
腹外斜肌
股二頭肌

圖3-24　京巴犬後臀部深肌

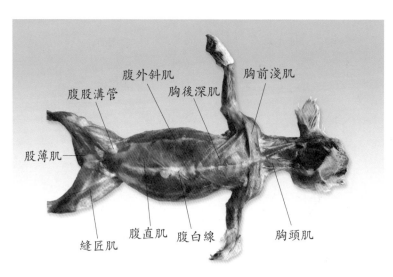

腹外斜肌
腹股溝管
胸後深肌
胸前淺肌
股薄肌
縫匠肌
腹直肌
腹白線
胸頭肌

圖3-25　京巴犬腹側肌

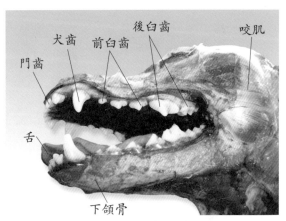

圖3-26 犬口腔

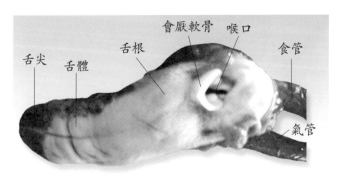

圖3-27 犬舌面

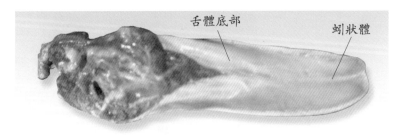

圖3-28 犬舌底

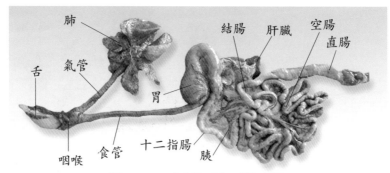

圖3-29　犬舌、肺、胃、腸

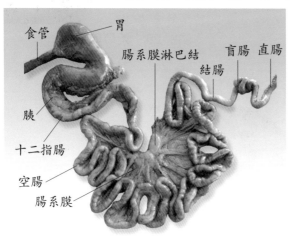

圖3-30　犬胃腸

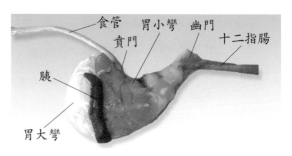

圖3-31　犬胃

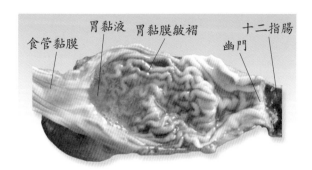

圖3-32　犬胃黏膜

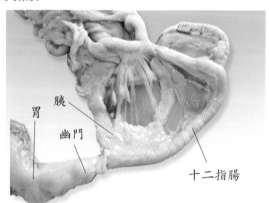

圖3-33　犬十二指腸、胰

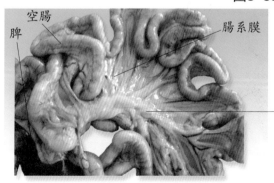

圖3-34　犬空腸

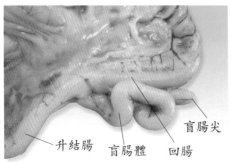

盲腸尖

升結腸　　盲腸體　　回腸

圖3-35　犬盲腸

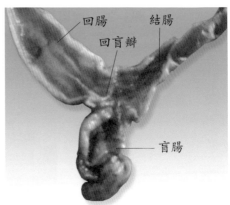

回腸　　　　結腸

回盲瓣

盲腸

圖3-36　犬回盲口剖面觀

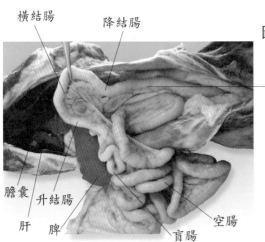

橫結腸　　　　降結腸

直腸

膽囊　　升結腸

肝　　脾　　　　盲腸　　空腸

圖3-37　犬結腸

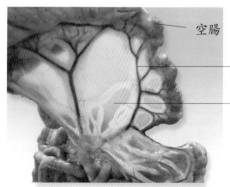

圖3-38　犬腸系膜

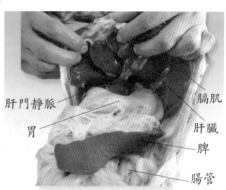

圖3-39　犬腹腔、膈

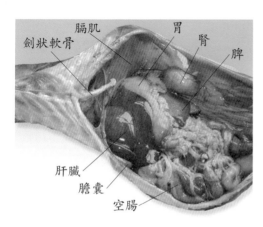

圖3-40　犬腹腔內臟

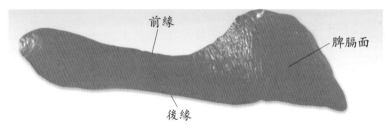

前緣　　　　　　　　　　脾膈面

後緣

圖3-41　犬脾臟

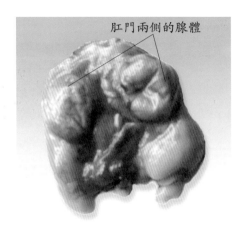

肛門兩側的腺體

圖3-42　犬肛門腺

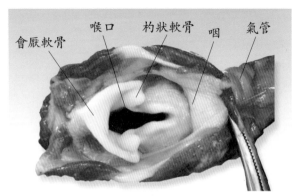

喉口　杓狀軟骨　咽　氣管

會厭軟骨

圖3-43　犬喉頭背側觀

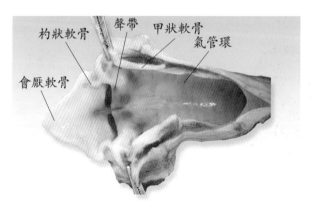

圖3-44　犬喉頭背側剖視觀

圖3-45　犬肺背側觀

圖3-46　犬肺腹側觀

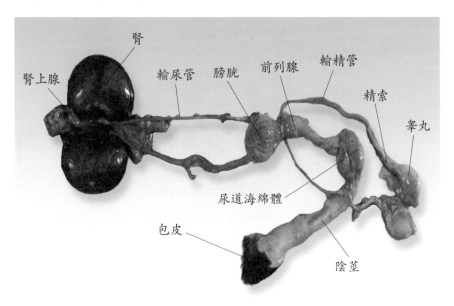

圖3-47　公犬泌尿生殖器

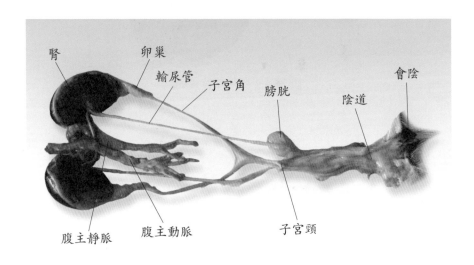

圖3-48　母犬泌尿生殖器

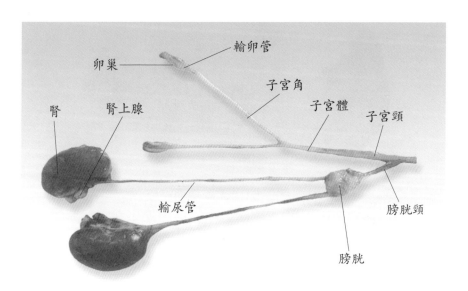

圖3-49　犬腎、子宮

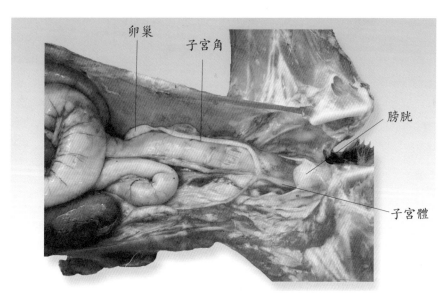

圖3-50　母犬卵巢位置

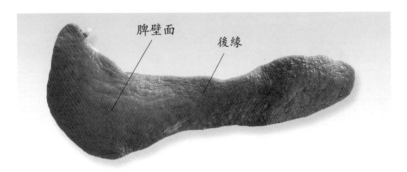

圖3-51　犬脾壁面

圖3-52　犬脾臟面

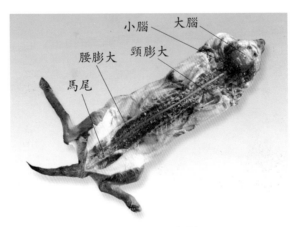

圖3-53　犬脊髓

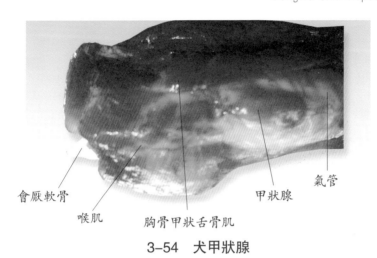

會厭軟骨　　　喉肌　　胸骨甲狀舌骨肌　　甲狀腺　　氣管

3-54　犬甲狀腺

二、貓

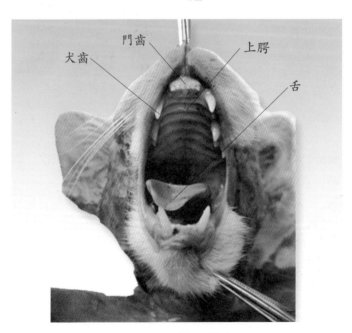

犬齒　　門齒　　上腭　　舌

3-55　貓口腔

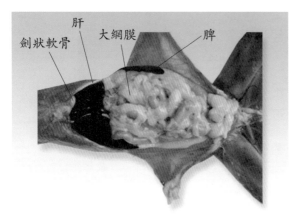

剝狀軟骨　肝　大綱膜　脾

圖3-56　貓內臟腹側觀

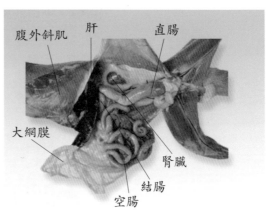

腹外斜肌　肝　直腸

大綱膜

腎臟

結腸

空腸

圖3-57　貓內臟

十二指腸　幽門　胃　食管

圖3-58　貓胃

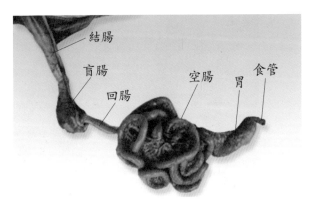

圖3-59　貓胃腸

圖3-60　貓肝臟

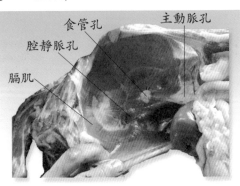

圖3-61　貓膈肌

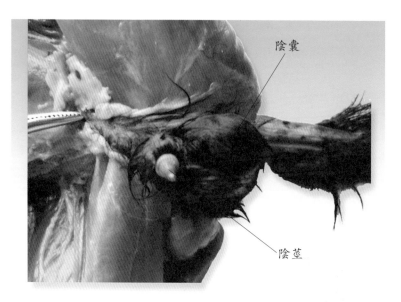

陰囊

陰莖

圖3-62　公貓外生殖器

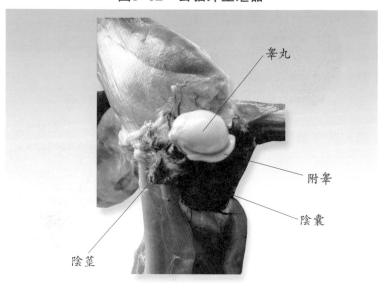

睾丸

附睾

陰囊

陰莖

圖3-63　公貓睾丸

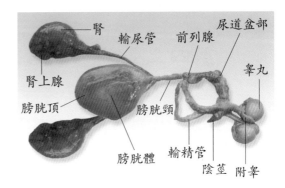

圖3-64　公貓泌尿生殖器

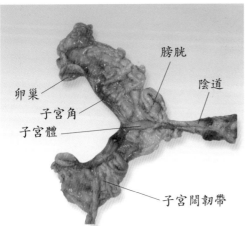

圖3-65　母貓生殖器

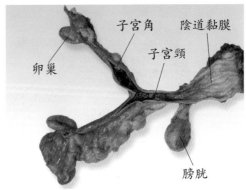

圖3-66　母貓子宮剖視

第四章　兔、鼠解剖原色圖譜

一、兔

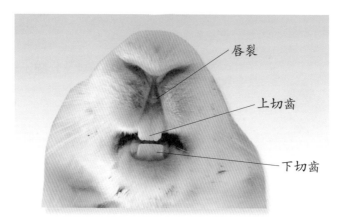

唇裂

上切齒

下切齒

圖4-1　兔口齒

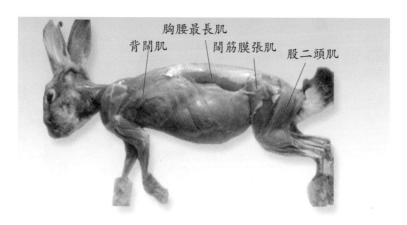

胸腰最長肌

背闊肌　　闊筋膜張肌　　股二頭肌

圖4-2　兔肌肉

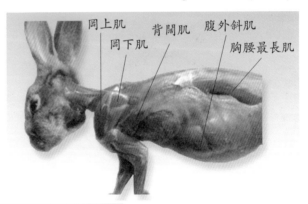

圖4-3　兔前軀肌肉

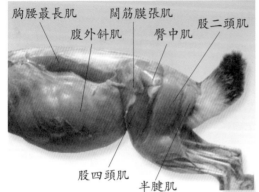

圖4-4　兔後軀肌肉

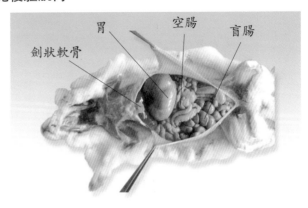

圖4-5　兔內臟

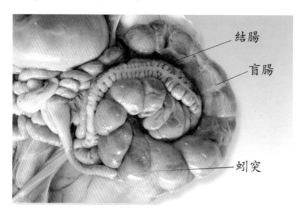

結腸

盲腸

蚓突

圖4-6　兔盲腸左側觀

結腸

盲腸

圓小囊

圖4-7　兔盲腸右側觀

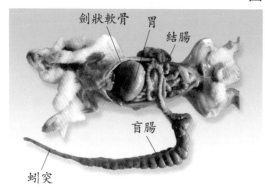

劍狀軟骨　胃　結腸

盲腸

蚓突

圖4-8　兔盲腸展開觀

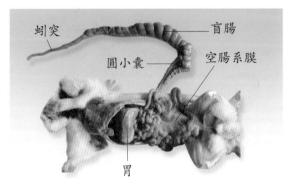

圖4-9　兔空腸系膜

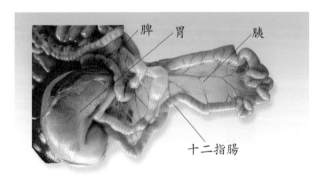

圖4-10　兔十二指腸

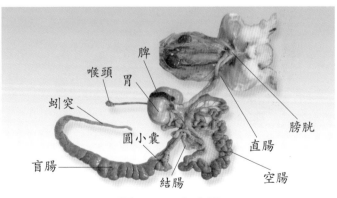

圖4-11　兔空腸

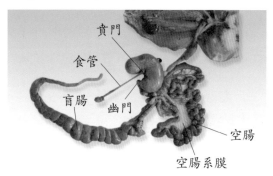

圖4-12　兔胃

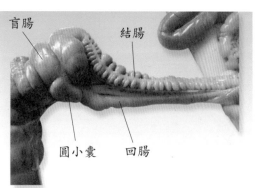

圖4-13　兔回盲口

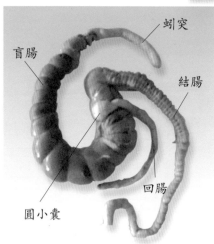

圖4-14　兔結腸

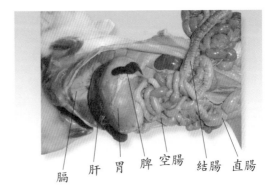

膈　肝　胃　脾　空腸　結腸　直腸

圖4-15　兔脾臟

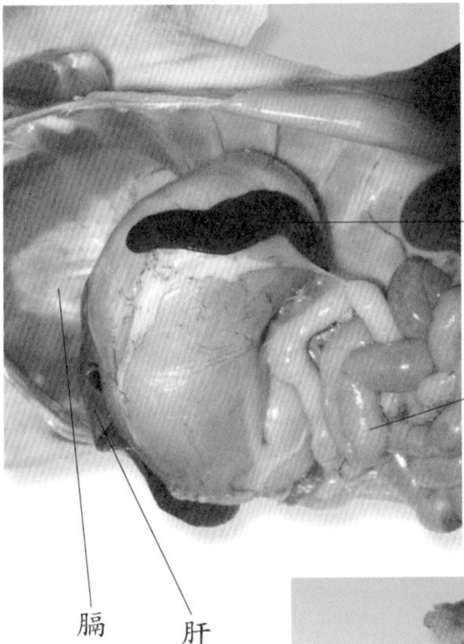

膈　肝

脾

空腸

圖4-16　兔膈肌、脾臟

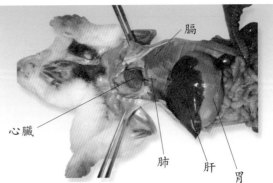

膈

心臟

肺　肝　胃

圖4-17　兔膈肌、胸腔

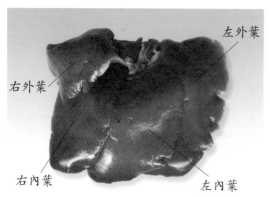

圖4-18　兔肝壁側觀

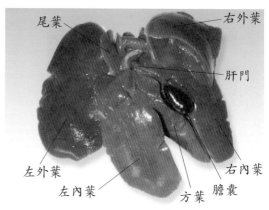

圖4-19　兔肝臟側觀

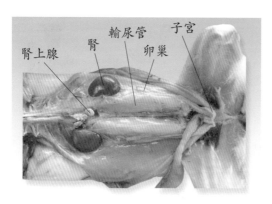

圖4-20　兔腎、生殖器

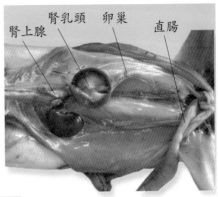

圖4-21　兔腎切面

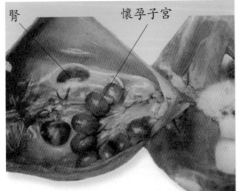

圖4-22　懷孕母兔生殖器

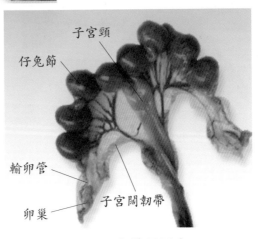

圖4-23　兔懷孕子宮

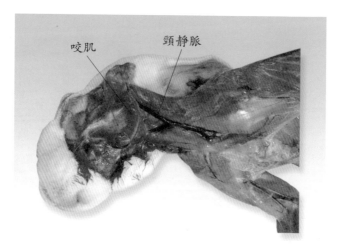

咬肌　　　頸静脈

圖4-24　兔頸靜脈

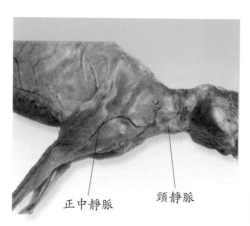

正中靜脈　　　頸静脈

圖4-25　兔前肢靜脈

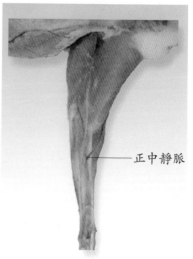

正中靜脈

圖4-26　兔正中靜脈

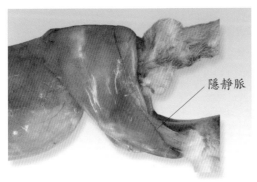

隱靜脈

圖4-27　兔後肢隱靜脈

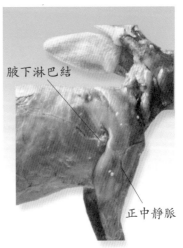

腋下淋巴結

正中靜脈

圖4-28　兔腋下淋巴結

膀胱

睪丸

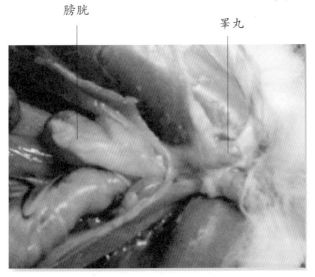

圖4-29　公兔生殖器

二、小白鼠

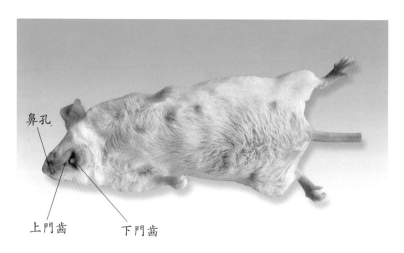

鼻孔

上門齒　　　下門齒

圖4-30　鼠口齒

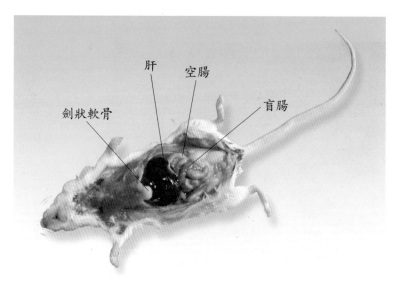

肝　空腸

劍狀軟骨　　　　盲腸

圖4-31　鼠內臟

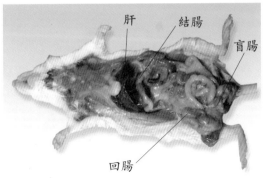

肝　結腸　盲腸

回腸

圖4-32　鼠結腸

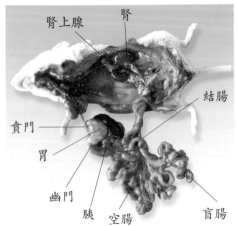

腎上腺　腎

結腸

賁門

胃

幽門

胰　空腸　盲腸

圖4-33　鼠空腸

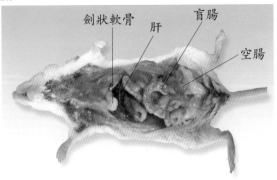

劍狀軟骨　肝　盲腸

空腸

圖4-34　鼠盲腸

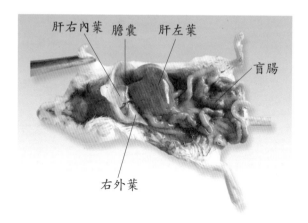

肝右內葉　膽囊　肝左葉

盲腸

右外葉

圖4-35　鼠膽囊

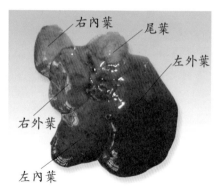

右內葉　　尾葉

左外葉

右外葉

左內葉

圖4-36　鼠肝壁面

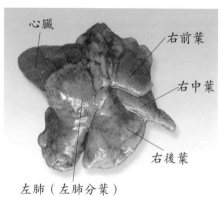

心臟

右前葉

右中葉

右後葉

左肺（左肺分葉）

圖4-37　鼠肺背側觀

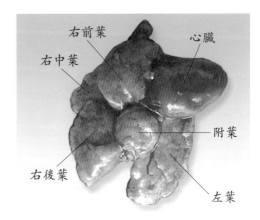

圖4-38　鼠肺腹側觀

A　脾壁面

B　脾臟面

圖4-39　鼠脾臟

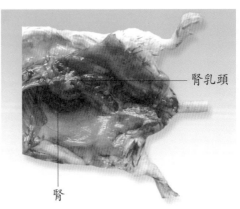

圖4-40　鼠腎切面

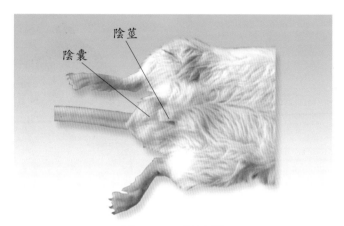

圖4-41　鼠陰囊

圖4-42　鼠睪丸

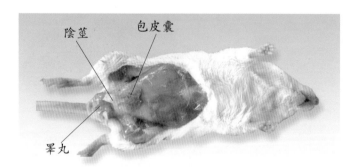

圖4-43　鼠包皮囊

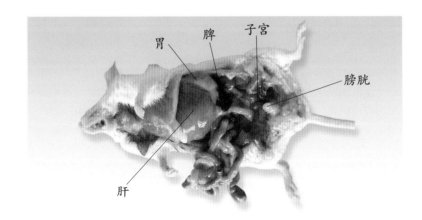

圖4-44　鼠子宮位置

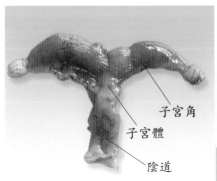

圖4-45　鼠懷孕子宮背側觀

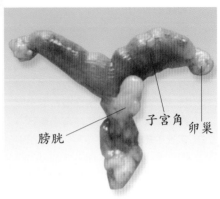

圖4-46　鼠懷孕子宮腹側觀

國家圖書館出版品預行編目資料

動物解剖原色圖譜／王會香　主編
――初版，――臺北市，品冠文化，2012〔民101．04〕
面；21公分 ――（熱門新知；15）
ISBN　978－957－468－869－2（平裝）
1.動物解剖學　2.圖錄
382．025　　　　　　　　　　　　　　101001886

動物解剖原色圖譜

主　　編／王　會　香
責任編輯／汪　衛　生
發 行 人／蔡　孟　甫
出 版 者／品冠文化出版社
社　　址／台北市北投區（石牌）致遠一路2段12巷1號
電　　話／（02）28233123・28236031・28236033
傳　　眞／（02）28272069
郵政劃撥／19346241
網　　址／www.dah-jaan.com.tw
E－mail／service@dah-jaan.com.tw
承 印 者／弼聖彩色印刷有限公司
裝　　訂／建鑫裝訂有限公司
排 版 者／弘益電腦排版有限公司
授 權 者／安徽科學技術出版社
初版1刷／2012年（民101年）4月
　　　　　　　　　　　　　定　　價／250元

大展好書　好書大展
品嘗好書　冠群可期

大展好書　好書大展

品嚐好書　冠群可期